Javaで学ぶ
自然言語処理と機械学習

杉本 徹＋岩下志乃［共著］
Toru Sugimoto＋Shino Iwashita

machine
learning

はじめに

私たち人間が日常使っている自然言語をコンピュータで処理する自然言語処理の研究は，今から50年以上前にスタートしました．人間だと無意識のうちに話を聞いて理解したり自分の言いたいことを表現したりできますが，コンピュータに自然言語を理解させるのは意外と難しいということが明らかになっています．幸い，近年のビックデータの蓄積と機械学習技術の発展をうまく活用することで，自然言語処理の技術レベルは大きく進歩しました．そのおかげで，携帯端末上の音声対話アプリや機械翻訳やWeb上の情報推薦サービスなどが次々と実用化されるようになりました（とは言え，常識をもたないコンピュータに言語の意味や文脈を人間と同等に理解させるのはまだ難しく，今後の研究が待たれる状況です）．

本書は，情報工学を学ぶ学生やJavaプログラミングの経験がある読者を対象として，このような自然言語処理の技術を，これと切っても切れない関係にある機械学習の技術とともに学べる入門書として企画されました．両分野の基本となる理論や技術の解説に加えて，実際に具体的な言語のデータ（単語や文，文章）を処理するJavaのサンプルプログラムを豊富に掲載することで，理論と実践をバランスよく学べるように構成しています．プログラム言語としてJavaを選んだのは，多くの分野で使用されている実用的な言語であり，簡単に試すだけでなく，応用システムへの組込みを目指す場合にも役立つと考えたからです．またアルゴリズムを1から実装することにこだわらず，MeCab，CaboCha，LIBSVM，word2vecなど広く使われている無償のツールやライブラリをJavaと連携して利用する方法を説明しています．本書を一読することにより，自然言語データを扱う簡単なプログラムが一通り作れるようになることを目標としています．

本書の構成は以下の通りです．1章では，自然言語処理の概要と，日本語文法の基礎，および言語データであるコーパスについて説明します．2章では，機械学習の技術について，特に自然言語処理において多くの応用をもつ分類器に焦点を当てて説明します．3章では，自然言語テキストの解析について，特に使用頻度が高い形態素解析と係り受け解析を中心に説明します．4章では，自然言語の意味理解について，特に単語の意味を扱う複数の方法（シソーラス，共起，分散表現）を紹介します．5章では，自然言語処理の応用技術の例として，情報検索，文書分類，対話システムについて説明します．最後に付録では，本書の演習で使用するJavaの概要を説明します．なお執筆は，岩下が1章と3章を，杉本が2章，4章，5章と付録を担当しました．

掲載サンプルプログラムの依存関係は以下の通りです．1章の演習のプログラムは3章以降で使用するコーパスファイルの作成に使うことができます．2章の分類器のプログラムは5章の文書分類で，3章の形態素解析を行うプログラムは4章と5章でそれぞれ使用します．

本書に掲載したサンプルプログラムはWindows 10およびLinux（Vine Linux 5.2）で動作確認済みです．いずれの場合も文字コードはUTF-8を用いることを想定しています．本書のサンプルプログラムとサンプルデータは，下記のWebページからダウンロードすることができます．どうぞ実際にプログラムを動かして実行結果を確認しつつ，また，各章の最後に用意した演習問題にも挑戦しつつ，読み進んでいただければと思います．

https://www.ohmsha.co.jp/book/9784274222603/

このWebページには，今後本書に関する最新情報を随時掲載する予定です．

本書の内容の多くの部分は，両著者の前職である理化学研究所における研究成果，および現在の勤務先での授業や研究室のゼミのために作成した講義，演習資料やプログラムが元になっています．理化学研究所における同僚だった皆様と，芝浦工業大学および東京工科大学における教職員と受講生の皆様に改めてお礼申し上げます．東京工科大学の柴田千尋先生と菊池眞之先生，ならびに同志社大学の伊藤紀子先生には，本書の草稿に対して貴重なコメントをいただいたことに心から感謝いたします．同様に，貴重なコメントをいただいた芝浦工業大学杉本研究室の大学院生諸氏にも心から感謝いたします．また，現代日本語書き言葉均衡コーパス，青空文庫，日本語WordNet，および本書で紹介している各ツール，ライブラリの開発者の方々に感謝いたします．

最後に，本書の出版にあたり，執筆の機会をいただき，完成に至るまでさまざまなご支援をいただきましたオーム社書籍編集局の皆様にお礼申し上げます．

2018年7月

杉本　徹・岩下志乃

目　次

1章　自然言語処理の概要

2章　機械学習の基礎

3章　自然言語テキストの解析

4章　自然言語の意味理解

5章 自然言語処理の応用

付録 Java について

1章
自然言語処理の概要

コンピュータの発展と共に，人間の扱う言葉をコンピュータで処理し利用するための研究も発展してきました．本章では，機械翻訳や検索に始まり，現在の主流である統計的手法に至るまでの自然言語処理の歴史を振り返ります．次に，2章以降の内容を理解するために必要な文法知識と統計的手法の概要について説明します．統計的手法は，大規模コーパスと機械学習の組合せにより実現されます．本章では大規模コーパスの種類と使いかたを紹介します．

1.1　自然言語処理とは

1.1.1　自然言語処理の目的

私たち人間が日常的に話し聞き，読み書きしている言語は，長い時間をかけて人々の生活のなかで変化・進化してきました．このように，自然発生的に生まれた言語を**自然言語**（natural language）と呼びます．たとえば，日本語は自然言語の一種です．対して，特定の目的のために人工的に定義された数式，プログラム言語，マークアップ言語などを**人工言語**と呼びます．**表 1-1** に，自然言語と人工言語の比較を示します．自然言語の特徴として，曖昧性や状況依存性が挙げられます．同じ文でも，その文が使われている状況に応じて異なる解釈が可能なことがあります．たとえば，転んだときに言う「大丈夫です」と，食べ物を勧められたときに言う「大丈夫です」は，前者は文字どおり「(怪我はありませんので）大丈夫です」という意味ですが，後者は「(十分いただいたので）もう要りません」という意味を表しています．**自然言語処理**（natural language processing）とは，このように複雑な自然言語をコンピュータ上で処理する技術であり，入力された単語，文，文章などの内容に応じてなんらかの処理を行い，出力を導きます．

表 1-1　自然言語と人工言語の比較

	自然言語	人工言語
単語（トークン）の種類	数十万種類	多くても数百種類
文　法	複雑．不明確な部分も多い	単純で明確
曖昧性・状況依存性	あ　る	な　い
表現できる内容	世の中のあらゆる物事	特定分野に限定

自然言語処理の目的には，理論的な目的と実用的な目的があります．理論的な目的には，「言葉を使う能力」を明らかにすることにより，人間の知能の仕組みを解明する手掛かりを得るという認知科学や人工知能の観点と，言語の体系自体とそれに関する計算処理の深い理解を目指す計算言語学という分野の観点があります．実用的な目的としては，情報検索，機械翻訳，自動校正，対話システム，文書分類，文書要約などがあります．

1.1.2　自然言語処理の歴史

自然言語処理の歴史を簡単に振り返ってみましょう．1950 年ごろから，機械翻訳と情報検索の研究が始まりました．1970 年代から 80 年代にかけて，認知科学・人工知能的アプローチにより言語の「理解」を目指した多くの研究が行われました．文法理論や構文解析アルゴリズムの構築，フレームを用いた知識表現といった研究が進みました．しかし，小規模な問題領域ではうまく動作するのですが，実用的な広い領域を扱おうとすると例外処理や計算量が増大するといった**拡張性**（scalability）の問題が浮上しました．1990 年代から 2000 年代にかけて，タグ付きコーパスや電子化辞書といった大規模な言語データが次々に整備され，それらのデータに対してサポートベクトルマシン（SVM：Support Vector Machine）や隠れマルコフモデルといった統計的な機械学習を行う手法が主流となりました．統計的手法により，形態素解析や係り受け解析のような，言葉の意味を理解していなくてもある程度可能な「浅い」言語解析が高い精度でできるようになり，その結果を利用して質問応答や文書分類といった応用分野の研究も進められました．また，文法規則や翻訳規則，意味的関係といった言語知識を自動的に獲得する研究も行われています．しかし，言葉の意味を理解しないと不可能な「深い」言語解析をどのように行うかという問題は依然として残っています．

自然言語処理の関連分野として，**人工知能**（AI：Artificial Intelligence）があります．人工知能は，人間が行うような知的なふるまいを機械に行わせるための技術です．人工知能の特徴は，完全に定式化できない，または定式化できても直接的な解法では処理時間が天文学的数字になるような問題に対して，「知識」を制約条件または経験的な判断基準として利用し，解決することです．

人工知能の歴史をみると，**表 1-2** に示すように，自然言語処理と同じような経緯をたどっています．1950 年代に初めて「人工知能」という言葉が登場し，第一次人工知能ブームを巻き起こしました．1980 年代に第二次人工知能ブームが訪れますが，当時は人工知能が推論に用いる情報をすべてコンピュータ上に準備する必要があり，知識量に限界があったことから，人工知能は冬の時代を迎えることになってしまいました．しかし，2000 年以降，課題となっていた知識の蓄積にビッグデータを活用し，機械学習により機械自身が知識を獲得できるようになったことから，第三次人工知能ブームが巻き起こっています．

表 1-2　自然言語処理と人工知能の歴史の対応表

	自然言語処理	人工知能
1950s～	機械翻訳・情報検索研究の開始	「人工知能」という言葉の誕生 ニューラルネットワーク **<第一次人工知能ブーム>**
1970s～	認知科学・人工知能的アプローチによる言語の「理解」	エキスパートシステム **<第二次人工知能ブーム>**
1980s～		日本で第 5 世代プロジェクト開始 知識ベース，誤差逆伝播法
2000s～	大規模コーパスの整備 統計的自然言語処理の確立	ビッグデータの活用による機械学習の発展，深層学習 **<第三次人工知能ブーム>**

人工知能を活用した事例には，自然言語処理に関連するものがたくさんあります．**Watson** はIBM社による質問応答システムです．百科事典，新聞記事など70 GBの文章を情報源とし，言語解析技術と解答選択の統計モデルを統合して使用しています．2011年にはアメリカのクイズ番組Jeopardy! でクイズ王に勝利するなど成果を上げています．ほかにも医療判断支援への応用として，100万件以上の症例や論文を学習させておくことで，患者の症状を入力すると最適な治療法を推論提示するシステムなど，幅広く活用されつつあります．

1.1.3 自然言語処理の応用例

私たちが当たり前のように使っているものにも自然言語処理の技術が深くかかわっています．たとえば，スマートフォンでひらがな列を打ち込むと，候補となる単語が次々に出てきます．これを**かな漢字変換**といいます．インターネットの検索エンジンでは，フォームに調べたい言葉を入れるだけで，関連するWebサイトが表示されます．ワープロソフトウェアでは，自動校正ツールが誤った言葉の使いかたを指摘してくれます．さらに高度な言語処理技術が必要な機械翻訳，対話システム，会話ロボットなども少しずつ生活のなかに組み込まれてきました．対話システムの例として，携帯端末上での秘書アプリのSiri（Apple社）や，しゃべってコンシェル（NTTドコモ社）などが実用化されています．

自然言語処理に関連する大きなプロジェクトとしては，1.1.2項で紹介したWatsonのほかに，大学入試問題を解くプログラムを開発する「ロボットは東大に入れるか？」（国立情報学研究所）や，星新一の作品1 000編をコーパスとして新たな物語を自動生成する「ショートショート小説作成」（公立はこだて未来大学ほか）などがあります．

1.2 必要な文法の知識

ここでは，日本語の文法について説明します．

1.2.1 日本語の階層構造

日本語のテキストは，複数の要素が階層的に組み上げられてできています（**図1-1**）．単語や形態素が文節や句を構成し，文節や句が文や節を構成しています．

さらに，複数の文が段落を構成し，複数の段落がまとまって文章（テキスト）を構成します．

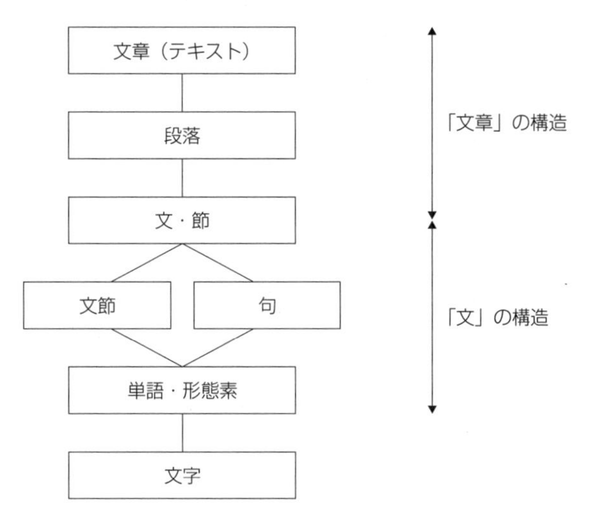

図 1-1 日本語の階層構造

まずは文を構成する要素をみてみましょう．**文**（sentence）とは，完結した表現内容を表す最小の単位です．通常，「。」，「？」などで終わるので，曖昧性の少ない要素です．

文を構成する要素のなかで，意味をもつ最小の単位が**形態素**（morpheme）です．**単語**（word）とは，まとまった意味・機能をもつ最小の単位のことをいい，形態素とほぼ一致しますが，接尾辞の「屋」，「さん」など，形態素であっても単語ではない例もあります．本書では，意味をもつ最小単位である単語を，文を構成する最小単位として使用することにします．

句（phrase）は，1つの意味を表す単語のまとまりのことをいいます．名詞を主要部とする名詞句（例：「古い本」，「昨日買った本」）や，動詞を主要部とする動詞句（例：「駅に行く」）など，ある単語を主要部としてまとまってその品詞の役割を果たすものと，それらに助詞を付与した後置詞句（例：「古い本を」，「駅に行くと」）などがあります．**文節**は，文を読むときに区切っても不自然にならないような最小の単位をいいます．自立語（名詞や動詞）＋付属語（助詞や助動詞）で構成されます．句と文節は単語をどのようにまとめるかという観点が異なります．文は句のまとまりであるとみなすことも，文節のまとまりであるとみなすこともできます．自然言語処理の分野では，英語においては句を用いて，日本語においては文節を用いて文の構造を明らかにする場合が多くなっています．

文は，次に示す3種類の基本型に分類されます．

1. 動詞文　「(名詞)　が　(動詞)」
　例：　「　鳥　が　さえずる　。」
2. 形容詞文　「(名詞)　が　(形容詞)」
　例：　「　風　が　強い　。」
3. 名詞文　「(名詞)　が　(名詞)　だ」
　例：　「これ　が　机　だ　。」

上記の文で「(名詞) が」の部分を**主語**，「が」より後の部分を**述語**と呼びます．主語と述語が文の骨格をなしますが，文において中心になるのはあくまでも述語です．述語以外の要素は述語の補足とみなすことができます．主語もその1つであり，省略されることがあります．

1つの文に主語と述語が1組の場合を**単文**，主語と述語が2組以上含まれる文を**複文**といいます．複文において，主語と述語をもつ一部分を**節**（clause）といいます．下3つの例文において，例1は単文，例2と例3は複文です．

例1：太郎は傘をさした。
例2：雨が降ってきたので，太郎は傘をさした。
例3：太郎は，昨日買った傘をさした。

次に，例1の文に2つの文節を加えて拡張します．

例1a：太郎は　急いで　新しい　傘をさした。

この文で，「急いで」は「さした」を，「新しい」は「傘」を詳細に説明する役割を果たしています．このような関係を修飾と被修飾の関係と呼び，修飾する語を修飾部，修飾される部を被修飾部といいます．修飾には名詞を修飾する**連体修飾**と，用言（動詞，形容詞，形容動詞）を修飾する**連用修飾**があります．例1aにおける「新しい」は名詞「傘」を修飾するので連体修飾語，「急いで」は動詞

「さした」を修飾するので連用修飾語です．また，複文における節も修飾部になります．例 2 における「雨が降ってきたので」は連用修飾節，例 3 における「昨日買った」は連体修飾節です．

主語・述語の関係と，修飾・被修飾の関係により，文節の係り受け構造が形成されます．**図 1-2** は例文「花子は昨日借りた本を読みました」における文，文節，単語を表したものです．複数の単語が文節を構成し，複数の文節が文を構成しています．主語は述語に係り，修飾語は被修飾語に係っています．

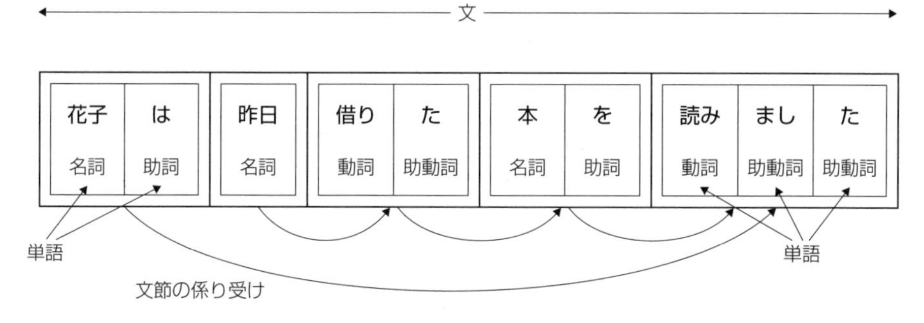

図 1-2　文，文節，単語の関係

次に，文章の構造についてみてみましょう．文が 1 つの主題について内容的に連結され，**段落**（paragraph）を生成します．段落には，その段落がなにについて述べているのかを端的に述べた**主題文**（topic sentence）が通常存在します．主題文の多くは段落の先頭に置かれます．段落内の主題文以外の文は，主題文の内容を詳しく説明したり，ほかの段落との関係を示したりします．複数の段落がまとまって**文章**（text）を構成します．

1.2.2　格文法

文中の単語間の意味的関係を捉える方法に，チャールズ・フィルモア（Charles J. Fillmore）が 1968 年に提唱した**格文法**（case grammar）があります．述語を中心にして，ほかの単語が述語に対して果たす役割を**格**（case）と呼びます．格には**表層格**（surface case）と**深層格**（deep case）があります．表層格は構文的な役割を表し，日本語では格助詞により決まります．深層格は述語に対する意味的な役割を表します．深層格の例は**表 1-3** のとおりです．

表 1-3　深層格の例

深層格		役　割	例
動作主格	agent	動作を引き起こすもの	私が　買った
対象格	object	動作や変化の影響を受ける対象，属性をもつ対象	ボールを　投げる
目標格	goal	移動における終点，変化における最終状態	彼女に　本を　貸した
源泉格	source	移動における起点，変化における初期状態	突然　家を　飛び出した
場所格	place	出来事が起こる場所や位置	食堂で　お昼を　食べる
時間格	time	出来事が起こる時間	6時に　起きた

文の意味構造は，述語と格要素（述語と格関係にある単語）の関係の集合として捉えることができます．このような意味構造のことを**格構造**（case structure）と呼びます．**図 1-3** は格構造の例です．2 つの文は同じ表層格をもちますが，「に」格や「を」格のように，同じ表層格に対応する深層格が異なる場合があります．深層格を求める方法については，4.5 節で詳しく説明します．

	太郎が	彼女に	本を	貸した
表層格	「が」格	「に」格	「を」格	動詞
深層格	agent	goal	object	

	太郎が	6時に	自宅を	出発した
表層格	「が」格	「に」格	「を」格	動詞
深層格	agent	time	source	

図 1-3　格構造の例

1.2.3　単語と品詞

文を構成する最小単位である単語は，その性質から**表 1-4** のような**品詞**に分類することができます．単語には**自立語**と**付属語**があります．自立語とは，文節の先頭にくる単語で，具体的な意味内容をもつことから，内容語とも呼ばれます．付属語とは，自立語の後に付属して使われる単語で，文において文法的な機能を表すことから機能語とも呼ばれます．

さらに，自立語と付属語は後ろにくる言葉に応じて語形が変わる活用があるものとないものに分類されます．活用には，未然形，連用形，終止形，連体形，仮定形，命令形があります．

表 1-4　品詞分類表

<table>
<tr><td rowspan="10">単語</td><td rowspan="8">自立語</td><td rowspan="3">活用あり</td><td rowspan="3">述語になる（用言）</td><td>動詞</td></tr>
<tr><td>形容詞</td></tr>
<tr><td>形容動詞</td></tr>
<tr><td rowspan="5">活用なし</td><td>主語になる（体言）</td><td>名詞</td></tr>
<tr><td>連用修飾語になる</td><td>副詞</td></tr>
<tr><td>連体修飾語になる</td><td>連体詞</td></tr>
<tr><td>接続語になる</td><td>接続詞</td></tr>
<tr><td>独立語になる</td><td>感動詞</td></tr>
<tr><td rowspan="2">付属語</td><td colspan="2">活用あり</td><td>助動詞</td></tr>
<tr><td colspan="2">活用なし</td><td>助詞</td></tr>
</table>

活用のある自立語を**用言**といいます．用言は，後ろに助動詞や助詞を伴い，述語を形成します．用言には，事物の動作や作用，存在を表す**動詞**と，事物の性質や状態を表す**形容詞**と**形容動詞**があります．

活用のない自立語のなかで，物事の名前や数などを表すのが**名詞**です．「が」，「は」などの助詞を伴って主語になります．名詞には**表 1-5** のような種類があります．

表 1-5　名詞の種類

種　類	性　質	例
普通名詞	同類の事物をまとめて呼ぶ	「犬」，「鉛筆」，「海」
固有名詞	ただ 1 つしかない固有なものを表す	地名，人名，組織名
数　詞	数量や順序などを表す	「1 人」，「2 つ」，「3 日」
代名詞	人や物事の名前の代わりに使う指示語	「私」，「これ」，「だれ」
形式名詞	本来の意味を失い形式的に用いられる	「こと」，「ところ」
サ変接続	後ろに「する」を付けると動詞になる	「勉強」，「決定」
形容動詞語幹	後ろに「だ」を付けると形容動詞になる	「健康」
副詞的名詞	述語に直接係ることが可能	「今日」，「10 月」

その他の活用のない自立語として，用言（動詞，形容詞，形容動詞）を修飾する**副詞**，名詞を修飾する**連体詞**，文と文の間や，文節と文節の間に使われ，前後のつながりの関係を示す**接続詞**，話し手の感動や呼びかけ，応答などを表す**感動詞**があります．

活用のある付属語が**助動詞**です．助動詞は用言などの語の後ろに置かれ，いろいろな意味を添えます．助動詞には**表 1-6** のような種類があります．たとえば，「見られたくないようだったそうです」には，「見る」という動詞に対して「れる」，「たい」，「ない」，「ようだ」，「た」，「そうです」の 6 つの助動詞が付加されています．

表 1-6　助動詞の種類

種　類	例
受身・可能・自発・尊敬	「れる（られる）」
使　役	「せる（させる）」
打　消	「ない」，「ぬ」
過去・完了	「た（だ）」
推量・意志・勧誘	「う」，「よう」，「らしい」，「まい」
希　望	「たい」，「たがる」
丁　寧	「ます」
断　定	「だ」，「です」
比　況	「ようだ（ようです）」，「みたいだ（みたいです）」
伝聞・様態	「そうだ（そうです）」

活用のない付属語が**助詞**です．助詞はさまざまな語の後ろに置かれ，その語と係り先の語の関係を示したり，その語に意味を添えたりします．助詞には**表 1-7** のような種類があります．

表 1-7　助詞の種類

種　類	性　質	例
格助詞	名詞に付き，その名詞の役割を示す	「が」（主語），「の」，「を」，「に」，「と」，「で」
接続助詞	用言に付き，前後のつながりの関係を示す	「ば」，「ても」，「が」（逆接），「から」（理由）
副助詞	さまざまな語に付き，特定の意味を添える	「は」（主題），「も」，「さえ」，「まで」，「だけ」
終助詞	主に文末に置かれ，特定の意味を添える	「か」（疑問），「な」（禁止），「ね」（念押し）

ここで，格助詞「が」と副助詞「は」の違いについて触れておきましょう．格助詞「が」は，現象を記述する文において，動作や状態の主体となる語に付ける

ことで，主格（agent）となります．副助詞「は」には 2 つの用法があります．1 つは文の主題（theme, topic）を提示する用法です．主題は話し手と聞き手双方に了解済みの情報（旧情報）を示します．

例：「昔おじいさんがいました。おじいさん は 山に行きました。」
（主題：旧情報）　（新情報）

もう 1 つは，ほかのものと対比する用法です．たとえば「前期は不合格だった」という文では，「前期」をほかのもの（たとえば「後期」）と対比していることを示しています．

自然言語処理で用いられる日本語の品詞体系として有名なものに **IPA 品詞体系**があります．IPA 品詞体系は**図 1-4** に示すような階層構造で表されます．IPA 品詞体系を用いた単語辞書に **IPA 辞書**（ipadic）があります．IPA 辞書における各単語の品詞は，IPA 品詞体系にしたがって記述されています．

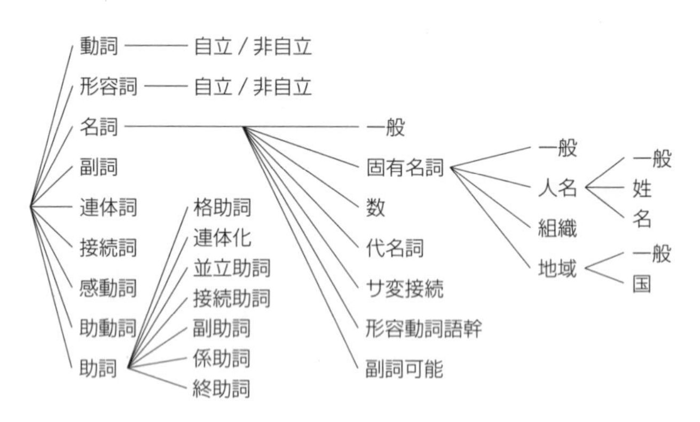

図 1-4　品詞体系の例：IPA 品詞体系

1.3　自然言語処理における統計的手法

1.1.2 項で触れたように，1990 年代ごろから自然言語処理における**統計的手法**が盛んに研究されるようになりました．従来の自然言語処理は，言語を理解し，文法や構文のような言語の規則を記述することで，意味の理解や推論を可能にしようとするものでした．しかし，表 1-1（1.1.1 項参照）で示したとおり，自然言語の文法は複雑であり，曖昧で状況依存性をもちます．従来手法で実用的な領域を扱うには，膨大な知識を人手で記述しなければならないという限界と，それらの知識を用いた解析や推論に膨大な計算量を必要とするという問題がありました．統計的手法は，前者の問題を情報のディジタル化と，Webやクラウドの発展に伴って入手できるようになった大規模コーパスにより，後者の問題をコンピュータの性能向上および機械学習などの技術発展により解決可能としました．このアプローチにより，人手を使うことなく規則を抽出したり，確率的にどの規則が選ばれるかといった状況依存的な処理を行ったりすることができるようになりました．統計的手法は自然言語処理の方向性を大きく転換するものとなりました．

機械翻訳を例に，従来手法と統計的手法を比較してみましょう．機械翻訳の研究はコンピュータの誕生後すぐに開始され，自然言語処理の歴史と共にさまざまな手法で実現されてきました．従来手法の一例として，**トランスファ方式**があります（**図 1-5**）．これは，形態素解析で得られた単語を対訳辞書により目標言語に変換し，構文（＋意味）解析によって得られた構文（＋意味）構造を人手で作成した変換規則により目標言語の構文（＋意味）構造に変換し，目標言語の文を生成する方法です．規則の作成が人手のため，先ほど述べた知識記述の限界があり，翻訳精度が上がりませんでした．

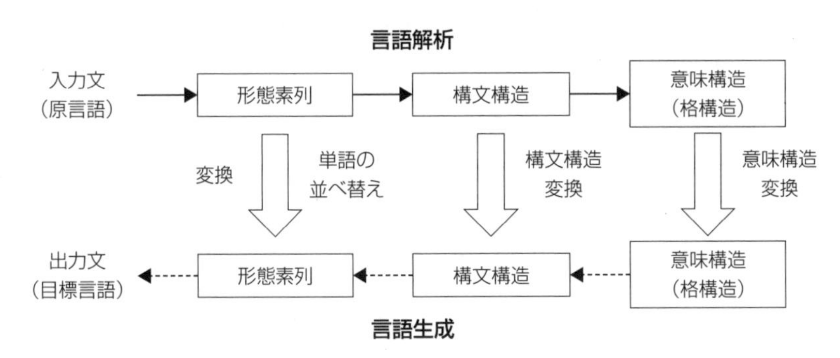

図 1-5 トランスファ方式による機械翻訳の流れ

統計的手法による機械翻訳の１つに，**統計的機械翻訳**があります（**図 1-6**）．大規模な対訳コーパス（文単位で複数の言語の翻訳を保存したデータ）から，原言語の文と目標言語の文が翻訳関係にある確率を計算するような確率モデルを作成し，そのパラメータを大量の翻訳文対から学習させます．その後，学習済みのモデルを適用することにより，最も確率の高い文を探索します．翻訳のためのルールを人手で記述することなく，最も近い翻訳文を探し出すことができます．

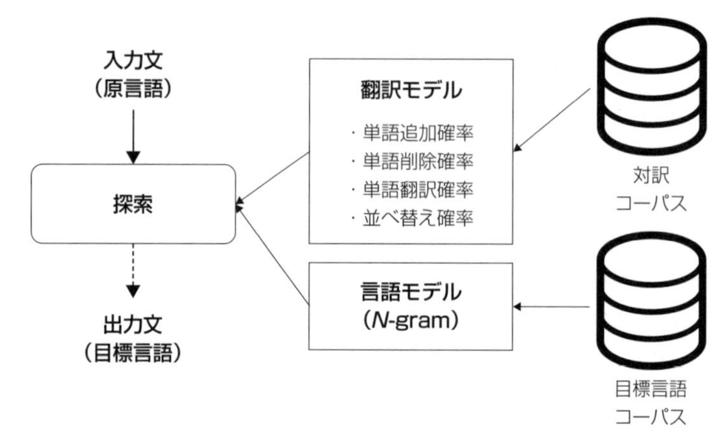

図 1-6　統計的機械翻訳の流れ

さて，ここまでは統計的手法が盛んに研究されるようになった背景について述べてきましたが，ここからは自然言語処理における統計的手法の利用方法について，次のように分類して整理してみます．

1. 統計値をそのまま利用する方法
2. 機械学習（とくに分類器）を利用する方法
3. 対象（単語や文書）をベクトルとして表現して利用する方法
4. 1～3の方法を組み合わせて使用する方法

統計値をそのまま利用する方法として代表的なものには，3.2.2 項で説明する**単語 *N*-gram** に基づく言語モデルがあります．単語 *N*-gram では，ある単語列の後に特定の単語が現れる確率を利用します．たとえば，形態素解析においてもっともらしい区切りかたを決定するために，単語 *N*-gram に基づくコスト推定が行われます．この方法については 3.2.2 項で詳しく説明します．

機械学習を利用する方法は，前述した機械翻訳のほかにも，構文解析，意味解析，文書分類など数多くの事例に用いられています．構文解析器のCaboChaでは，文節どうしの係り受け関係を，機械学習の1つである**サポートベクトルマシン**（**SVM**：Support Vector Machine）により推定しています．SVMは，対象に複数の種類のラベルから，いずれかを付与する「分類器」と呼ばれる学習モデルの1つで，多義語の曖昧性解消や文書分類にも用いられます．

対象をベクトル化して利用する方法の例としては，単語共起行列による単語の意味表現があります．これは，ある単語の周辺に出現する単語の分布をベクトルとして表現するものです．この方法により，単語同士の類似度をベクトルの類似度で測ることができるようになります．単語共起行列については4.3節で詳しく説明します．

これらの方法を組み合わせた事例も多く存在します．たとえば，情報検索においては，*N*-gramやTF-IDFといった統計値を用いて計算した単語の重要度を基に，文書をベクトル化します．検索質問(query, クエリ）も同様にベクトル化することで，検索質問との類似度で文書をランキングします．情報検索については5.2節で詳しく説明します．

1.4 コーパス

コーパス（corpus）とは，実際に書かれた言葉や話された言葉を集めた大規模な言語データのことをいいます．**表1-8**はコーパスの例をまとめたものです．さまざまな規模と内容のコーパスがあり，言語学的な分析や統計的な自然言語処理に利用できます．収集したままの文章データ（生コーパス）に対して，分析に役立つ単語の品詞，読み，構文，意味構造などを付与したものを**タグ付きコーパス**といい，自然言語処理によく用いられます．また，複数のジャンルの文章からサンプリングして統合した**均衡コーパス**，複数の言語間の対訳データを収めた**パラレルコーパス**，録音した音声データ（とそれを文字化したデータ）を収めた**音声コーパス**などがあります．

表 1-8　コーパスの例

名　称	規　模	内　容
新聞記事データ	数千万語／年	毎日，読売，朝日新聞の記事など
EDR コーパス	約 20 万文	新聞，雑誌など． 形態素・構文・意味情報付き
現代日本語書き言葉 均衡コーパス（BCCWJ）	約 1 億語	複数ジャンルの文章を収録． 形態素情報付き
日英新聞記事対応付け データ	約 18 万文	読売新聞と Daily Yomiuri の記事内の 和文と英文の対応付け
日本語話し言葉コーパス	約 750 万語	学会講演 660 時間分． 形態素情報付き
日常会話コーパス	約 200 万語	日常会話 200 時間分． 形態素，構文，発話単位，談話構造付き （国立国語研究所により公開予定）

現代日本語書き言葉均衡コーパス（BCCWJ）は，現代日本語の書き言葉の全体像を把握するために国立国語研究所が開発し，2011 年に公開されました．書籍全般，雑誌全般，新聞，ベストセラー，韻文，法律，国会会議録，広報紙，教科書，ブログ(Yahoo! ブログ)，ネット掲示板(Yahoo! 知恵袋)といった多様なジャンルの文章を含んだ均衡コーパスで，品詞や読みなどの形態素情報が付加されています．Web 上に検索ツールが公開されていることから，手軽に利用できるコーパスの 1 つです．ここでは，国立国語研究所が提供している検索ツール NINJAL-LWP for BCCWJ（略称：NLB）を使用してみましょう．

まず，Web ブラウザで NLB のサイト[†1]にアクセスします．使いかたの説明を読み，「検索を開始する」をクリックします．調べたい単語を入力して「絞り込み」をクリックすると，見出し，読みなどが表示されます．見出しをクリックすると，構文パターンごとの出現頻度の表が表示されます．「パターン頻度順」や「基本」タブをクリックすることで，構文パターンやジャンル別の出現頻度などの情報を取得することができます．

[†1] http://nlb.ninjal.ac.jp/

例として「メール」という単語で検索した結果が**図 1-7** です．図 1-7(a)の「基本」タブの情報から，「メール」という語は知恵袋や広報誌，ブログ，雑誌でよく使われていることがわかります．「パターン頻度別」タブの情報から，「メールを…」という構文パターンで検索すると，図 1-7(b)のように表示され，多くの文章ジャンルでは「メールを送る」という言いかたが最も多いのですが，教科書（OT）では「メールを出す」が多いことがわかります．

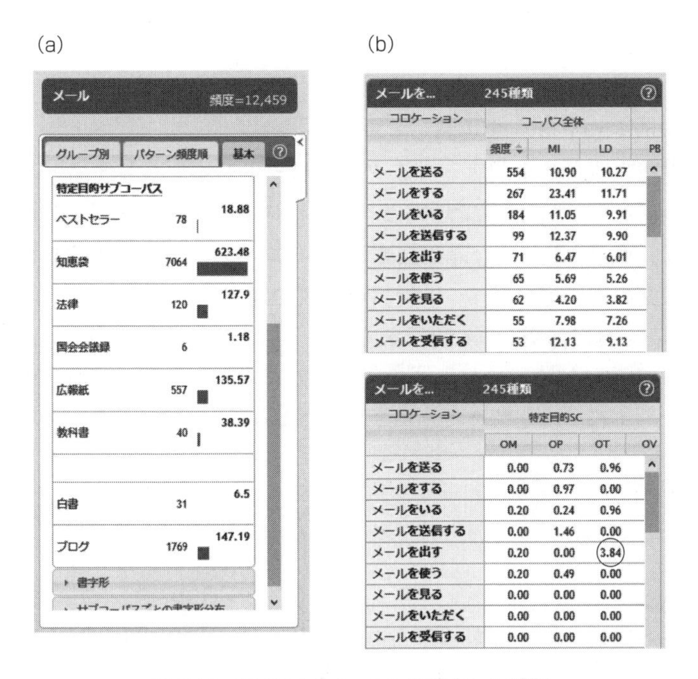

コロケーション	コーパス全体			PB
	頻度	MI	LD	
メールを送る	554	10.90	10.27	
メールをする	267	23.41	11.71	
メールをいる	184	11.05	9.91	
メールを送信する	99	12.37	9.90	
メールを出す	71	6.47	6.01	
メールを使う	65	5.69	5.26	
メールを見る	62	4.20	3.82	
メールをいただく	55	7.98	7.26	
メールを受信する	53	12.13	9.13	

コロケーション	特定目的SC			
	OM	OP	OT	OV
メールを送る	0.00	0.73	0.96	
メールをする	0.00	0.97	0.00	
メールをいる	0.20	0.24	0.96	
メールを送信する	0.00	1.46	0.00	
メールを出す	0.20	0.00	3.84	
メールを使う	0.20	0.49	0.00	
メールを見る	0.00	0.00	0.00	
メールをいただく	0.00	0.00	0.00	
メールを受信する	0.00	0.00	0.00	

図 1-7　NLB で「メール」を検索した結果

演習 1.1　コーパスファイルの整形（青空文庫を例にして）

近年，多くの大規模コーパスが簡単に入手できるようになりました．しかし，これらのコーパスから使用目的に合わせて適切な言語データを選ぶことと，そのデータの特徴を踏まえながら，自らが分析しやすい形式に整えることが大事です．たとえば，分析データを「青空文庫に収録されている小説データ」として，分析目的を「各著者の言語的特徴を抽出すること」とします．青空文庫の小説データには，ルビや注釈といった，分析に必要のない情報が含まれているので，これらを削除する必要があります．また，文単位の言語処理を行うために，句点を基準にして複数の文を1文ごとに分割する処理も必要になります．同じ分析目的で，分析データをSNSの書き込みのように自由度の高いデータに変更すると，全角・半角の統一や，無駄な空白の除去，顔文字の除去といった処理も必要になってきます．

演習では，このような事前処理の例として，青空文庫から入手した小説データを言語処理に適した形に整えて，1行当たり1文の形式でファイル出力するプログラムAozoraFilter.javaを実装します．

まず，青空文庫から小説データをダウンロードします．各作品の「図書カード」のページから，zip形式で圧縮されたテキストファイルをダウンロードし，展開します．**図1-8**左は，青空文庫からダウンロードした夏目漱石の「こころ」のデータの冒頭部分です．1行目に小説の題名「こころ」，2行目に著者名「夏目漱石」，3行目に空行，4行目から16行目に注釈があり，17行目に空行，18行目から本文が始まります．このデータから，ヘッダやルビなどの不要な情報を削除し，1行1文に整えると図1-8右のようになります．

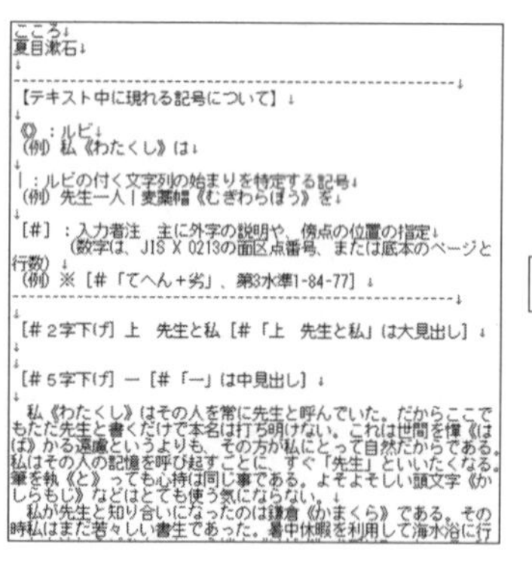

こころ↓
夏目漱石↓
↓
---↓
【テキスト中に現れる記号について】↓
↓
《》：ルビ↓
（例）私《わたくし》は↓
↓
｜：ルビの付く文字列の始まりを特定する記号↓
（例）先生一人｜麦藁帽《むぎわらぼう》を↓
↓
［＃］：入力者注　主に外字の説明や、傍点の位置の指定↓
　　　（数字は、JIS X 0213の面区点番号、または底本のページと行数）↓
（例）※［＃「てへん＋劣」、第3水準1-84-77］↓
---↓
↓
［＃２字下げ］上　先生と私［＃「上　先生と私」は大見出し］↓
↓
↓
［＃５字下げ］一［＃「一」は中見出し］↓
↓
　私《わたくし》はその人を常に先生と呼んでいた。だからここでもただ先生と書くだけで本名は打ち明けない。これは世間を憚《はば》かる遠慮というよりも、その方が私にとって自然だからである。私はその人の記憶を呼び起すごとに、すぐ「先生」といいたくなる。筆を執《と》っても心持は同じ事である。よそよそしい頭文字《かしらもじ》などはとても使う気にならない。↓
　私が先生と知り合いになったのは鎌倉《かまくら》である。その時私はまだ若々しい書生であった。暑中休暇を利用して海水浴に行

ダウンロードした小説データ
（kokoro.txt）

私はその人を常に先生と呼んでいた。
だからここでもただ先生と書くだけで本名は打ち明けない。
これは世間を憚かる遠慮というよりも、その方が私にとって自然だからである。
私はその人の記憶を呼び起すごとに、すぐ「先生」といいたくなる。
筆を執っても心持は同じ事である。
よそよそしい頭文字などはとても使う気にならない。
私が先生と知り合いになったのは鎌倉である。
その時私はまだ若々しい書生であった。
暑中休暇を利用して海水浴に行った友達からぜひ来いという端書を受け取ったので、私は多少の金を工面して、出掛ける事にした。
私は金の工面に二、三日を費やした。
ところが私が鎌倉に着いて三日と経たないうちに、私を呼び寄せた友達は、急に国元から帰れという電報を受け取った。

整形後のデータ
（kokoro_filtered.txt）

図1-8　青空文庫からダウンロードした小説「こころ」の冒頭部分

処理の流れです．小説データを保存し，文字コードをUTF-8に変換したテキスト形式のファイル（例：kokoro.txt）から1行ずつ読み込みます．3行目以降のテキストに対して，次の処理を繰り返します．注釈は連続した半角マイナス記号（-）で囲まれているため，記号列"----"で始まる行が最初に現れたときに注釈の開始，次に現れたときに注釈の終了として，それらの行を読み飛ばします．また，空行も必要ないので読み飛ばします．本文においては，段落ごとに全角スペースが挿入されているため，これも不要文字として除去します．そして，注釈に書かれている記号を使い，以下の部分を除去します．

- ルビ
  "《"から始まり，"》"で終わる部分
- ルビの付く文字列の始まりを特定する記号
  "｜"
- 入力者の注意書き
  "［"で始まり，"］"で終わる部分

不要文字を削除したテキストを1文ごとに分割してファイルに出力します．文への分割には句点「。」を用いますが，文内に会話文が含まれる場合については，句点で区切るのが適切でない場合があります．たとえば，以下の例をみてください．

例1：太郎は「おなかがすいた」と言った。
例2：太郎は「おなかがすいた。なにかちょうだい。」と言った。

例1の場合は，会話文も含めて1文とみなすことができますが，例2の場合は会話文が複数の文で構成されているため，1文とみなすには長すぎます．そこで，今回は会話文の途中で句点が現れた場合にも区切り，会話文の末尾にある"。」"はまとめて出力することにしました．これにより，例2は次の3つの文に区切られます．

太郎は「おなかがすいた。
なにかちょうだい。」
と言った。

最後に，フッタが始まったら処理を終了します．

リスト 1-1　AozoraFilter.java

```
package chapter1;

import java.io.BufferedReader;
import java.io.BufferedWriter;
import java.io.FileReader;
import java.io.FileWriter;
import java.io.PrintWriter;

/**
 * 青空文庫のテキストファイルを，コーパス用のテキスト形式に変換する
 */
public class AozoraFilter {

 /** コンストラクタ */
 public AozoraFilter() {
 }

 /** 文字列からルビと注記を除去する */
 String deleteRuby(String s) {
  char[] chars = s.toCharArray();
  StringBuffer sb = new StringBuffer();
  boolean inRuby = false;
  int inComment = 0;

  for (int i = 0; i < chars.length; i ++) {
   if (chars[i] == '《') {
    if (inRuby) {
     System.out.println("エラー（'《'の重複）：" + s);
     System.exit(1);
    } else {
```

```
        inRuby = true;
      }
    } else if (chars[i] == '》') {
      if (inRuby) {
        inRuby = false;
      } else {
        System.out.println("エラー ('《'の不存在): " + s);
        System.exit(1);
      }
    } else if (chars[i] == '［') {
      inComment ++;
    } else if (chars[i] == '］') {
      if (inComment > 0) {
        inComment--;
      } else {
        System.out.println("エラー ('［'の不足): " + s);
        System.exit(1);
      }
    } else if (chars[i] == '｜') {
      continue;
    } else {
      if (!inRuby && inComment == 0) {
        sb.append(chars[i]);
      }
    }
  }

  if (inRuby) {
    System.out.println("エラー ('》'の不存在): " + s);
    System.exit(1);
  }
  if (inComment > 0) {
    System.out.println("エラー ('］'の不足): " + s);
```

```
    System.exit(1);
   }

  return sb.toString();
 }

 /** 文字列の先頭にある空白を除去する */
 String deleteSpaces(String s) {
  int i;
  for (i = 0; i < s.length(); i ++) {
   if (s.charAt(i) != ' ' && s.charAt(i) != '　' && s.charAt(i) != '\t') {
    break;
   }
  }
  return s.substring(i);
 }

 /** 行（line2 + line）を文単位に分割して出力し，余った文字列を返す */
 String outputSentences(String line, PrintWriter pw, String line2) {
  int index = 0;

  while (index < line.length()) {
   int index2 = line.indexOf("。", index);
   if (index2 != -1) {
    if (index2 == line.length() - 2
        && line.charAt(line.length() - 1) == '」') {
     index2 ++; // 行末の "。」" はまとめて扱う
    }
    String s = line2 + line.substring(index, index2 + 1);
    line2 = "";
    pw.println(s);
    index = index2 + 1;
   } else {
```

```
   line2 += line.substring(index);
   break;
  }
 }

 if (line2.length() > 0 && line2.charAt(line2.length() - 1) == '」') {
  pw.println(line2); // 会話文とみなして出力する
  line2 = "";
 }
 if (line2.length() < 10) {
  line2 = ""; // 節見出しとみなして無視する
 }
 return line2;
}

/** 青空文庫のテキストファイルを，コーパス用のテキスト形式に変換する
    引数はファイル名から拡張子（".txt"）を除いた文字列 */
public void filter(String fileName) {
 String title = null; // 作品名
 String author = null; // 著者名
 int countForHeader = 0; // ヘッダ範囲判定のために"----"の数を数える
 int countForFooter = 0; // フッタ範囲判定のために空行の数を数える
 String restOfLine = ""; // 最後に読んだ行の末尾の未出力部分

 try {
  BufferedReader br = new BufferedReader(
      new FileReader(fileName + ".txt"));
  PrintWriter pw = new PrintWriter(new BufferedWriter(
      new FileWriter(fileName + "_filtered.txt")));

  title = br.readLine();
  author = br.readLine();
  System.out.println(title);
```

```
System.out.println(author);

String line;
while ((line = br.readLine()) != null) {
 // ヘッダとフッタのための処理
 if (line.startsWith("----")) {
  countForHeader ++;
  continue;
 }
 if (countForHeader < 2) {
  continue; // ヘッダが終わるまで読み飛ばす
 }
 if (line.equals("")) {
  countForFooter ++;
  continue;
 }
 if (countForFooter >= 3 && line.startsWith("底本")) {
  break; // フッタが始まったので，読み込みを終了する
 }
 countForFooter = 0;

 // 本文行の整形と出力
 String line2 = deleteSpaces(line); // 先頭の空白の除去
 String line3 = deleteRuby(line2); // ルビ・注記の除去
 restOfLine = outputSentences(line3, pw, restOfLine); // 文単位で出力
}
if (!restOfLine.equals("")) {
 pw.println(restOfLine);
}
br.close();
pw.close();
} catch (Exception ex) {
 ex.printStackTrace();
```

```
  }
 }

 /** 変換の実行 */
 public static void main(String[] args) {
  AozoraFilter af = new AozoraFilter();
  af.filter("natsume/kokoro");
 }
}
```

演習問題

問 1.1

Web ブラウザで NLB にアクセスし，BCCWJ で好きな単語を検索し，パターン頻度別タブにより使われかたを確認してみましょう．

問 1.2

1 行 1 文の形式のコーパスファイルを対象に，検索語を 1 個指定すると，その語を含む文（＝行）をすべて抜き出すプログラムを作成してみましょう．その際に，検索語とその前後 n 文字ずつが縦に並ぶように出力します．この出力方法を KWIC（keyword in context）形式といいます．たとえば，「こころ」の原文データを AozoraFilter プログラムで変換して得られたコーパスファイルにおいて，「九月」を検索して前後 5 文字の KWIC 形式で出力した結果は**図 1-9** のようになります．

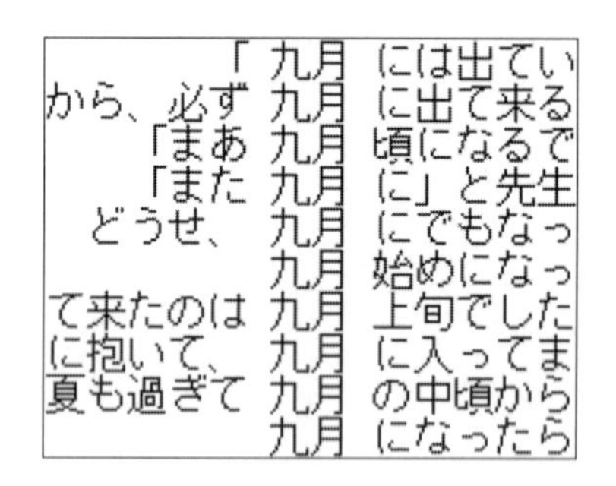

図 1-9　KWIC 形式で出力した例

2章
機械学習の基礎

1.3 節で述べたように，現在の自然言語処理では統計的手法，とくに機械学習を用いる方法が主流となっています．本章では，自然言語処理への応用を念頭に機械学習技術の基礎について説明します．機械学習の概要を解説したのち，自然言語処理の基本タスク，応用タスクの両方でよく利用される分類器に焦点を当てて，その理論と使用方法を演習を交えて学びます．分類アルゴリズムの例として，比較的単純なナイーブベイズ分類器と，自然言語処理でよく利用される SVM，広い応用をもつニューラルネットワークの 3 種を取り上げます．

2.1　機械学習とは

機械学習（machine learning）とは，人間が言葉や常識を学習するように，コンピュータにも目的に応じた学習を行って規則や知識を獲得する仕組みを与える技術のことをいいます．情報機器やインターネットの普及により蓄積された膨大な量のディジタルデータを，数学や統計学の理論に基づく機械学習のアルゴリズムを用いて分析することで，役に立つ規則や知識を得ることができます．たとえば，大量の画像データを分析することで画像に写った物体や人物の表情を認識するための規則を獲得したり，購買履歴やソーシャルネットワーキングサービス（SNS：Social Networking Service）上の評判情報から今後の売り上げを予測するための知識を獲得したりすることができます．

1.3 節で述べたように，自然言語処理の分野では，例外の多い言語現象を適切にモデル化するために大規模な言語使用データ（コーパス）に機械学習のアルゴリズムを適用することによって，さまざまな言語処理タスクの精度を向上させる研究が盛んに行われています．その範囲は，形態素解析や構文解析のような言語の表層に近い処理から意味解析などの意味を扱う処理，さらには機械翻訳や対話システムのような高度な応用タスクにまで及んでいます．

機械学習の手法は，**図２-１**のように教師あり学習，教師なし学習，強化学習といった種類に大別されます．これらに加えて，近年目覚ましい発展を遂げている深層学習もあります．これらの学習手法について，次節以降で簡単に紹介していきましょう．

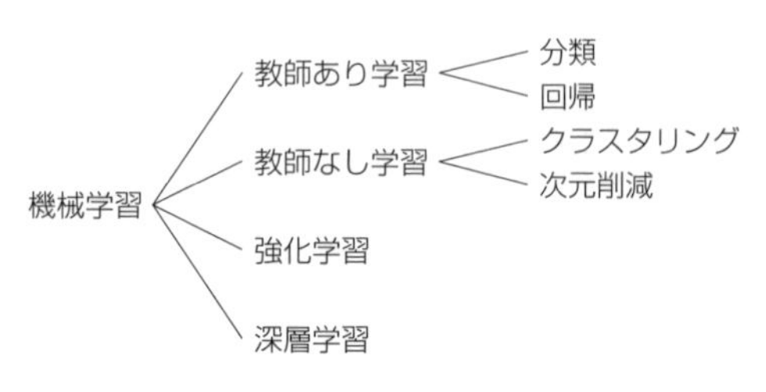

図２-１　機械学習の分類

2.1.1　教師あり学習

教師あり学習（supervised learning）は，こういうデータが来たらこういう出力を行う，という入力と出力の対を大量に与えて，そこから任意の入力に対して出力を得るための規則を学習する方法です（**図２-２**）．最初に与える入力と出力の対を**学習データ**と呼びます．たとえば，画像データとそこに写っている物体の種類を表すラベルの対を大量に用意し，それに機械学習のアルゴリズムを適用することで，任意の（ラベルがまだ付いていない）画像に対して写っている物体の種類を求めることができるようになります．教師あり学習は，あらかじめ正しい出力データを人手で用意する手間がありますが，多様な問題に適用可能であることから広く用いられています．自然言語処理では，形態素解析や構文解析など文の解析処理を始めとして，情報抽出や文書分類など，さまざまな処理で利用されます．

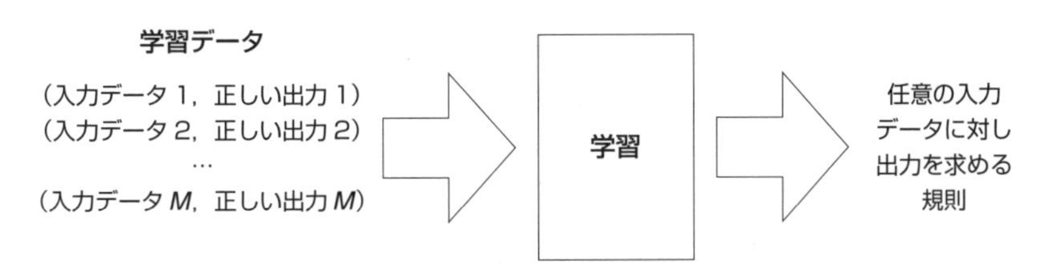

図 2-2　教師あり学習

教師あり学習は，学習の内容によって分類，回帰，系列ラベリングといった種類に分けることができます（**表 2-1**）.

表 2-1　教師あり学習のタスク

タスクの種類	出力の内容	代表的なアルゴリズム
分　類	ラベル	ナイーブベイズ，サポートベクトルマシン
回　帰	数　値	線形回帰，ロジスティック回帰
系列ラベリング	ラベルの列	隠れマルコフモデル，条件付き確率場

分類は，それぞれの入力データに対して正解ラベルを与えるタスクです．ラベルの種類は，事前に有限個の種類を設定しておきます．たとえば，画像データに対して写っている物体の種類や人物の表情を認識するタスクは，事前に設定した有限個の物体や表情の種類から１つを選ぶ分類タスクといえます．一方，**回帰**は入力データに対して数値を対応させます．たとえば，関連する情報から商品の売上高や明日の降水確率を予測するのは回帰タスクです．自然言語処理では言語という記号体系を対象とするため，回帰よりも分類のほうが多く用いられます．そこで本書でも分類タスクを中心に扱うことにします．

分類タスクのなかには形態素解析における品詞の決定など，入力データの列（形態素解析の例では単語の列）に対してラベルの列（形態素解析の例では品詞の列）を割り当てるタイプのタスクもあります（**図 2-3**）．このようなタスクは分類問題が複数並んでいると考えることもできますが，しばしば隣接する出力ラベルの間に依存関係があり（形態素解析の例では，直前の単語の品詞が次の単語の品詞の決定に影響を与えます），とくにそのようなタスクを**系列ラベリング**

と呼びます．系列ラベリングでは，通常の分類アルゴリズムの代わりに系列ラベリングに特化した学習アルゴリズムがよく用いられます．

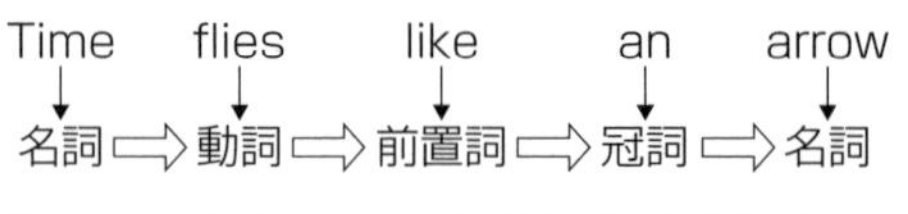

図 2-3　系列ラベリング問題の例（品詞の決定）

2.1.2　教師なし学習

教師なし学習（unsupervised learning）は，出力データを付与するようなことはせず，入力データ自体の統計処理によって規則や知識を得る方法です（**図 2-4**）．

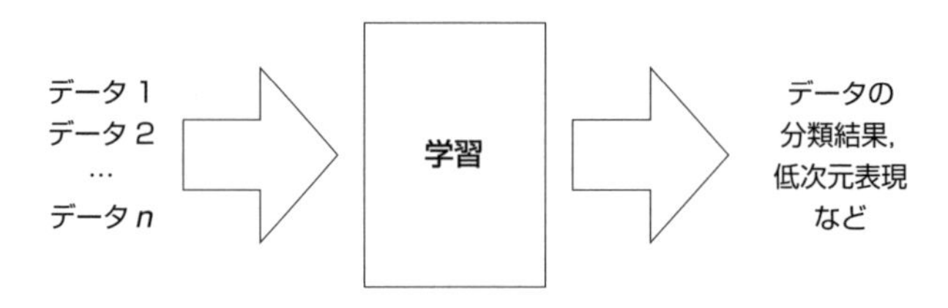

図 2-4　教師なし学習

具体例として**クラスタリング**があり，これはデータ集合を似たものからなる複数のクラスタにグループ分けするタスクです．たとえば，自由記述のアンケート結果をクラスタリングすることにより，意見の主な傾向を容易に把握することができます．クラスタリングのアルゴリズムとしては，階層的クラスタリングや k 平均法があります．

教師なし学習の別の重要な例として**次元削減**があります．後述しますが，機械学習の入力データは通常，特徴ベクトルと呼ばれる数値ベクトルで表されます．つまり，１つ１つの入力データは多次元空間内の１点とみなされます．問題の定式化によっては，このベクトルが何万次元という巨大なものになることがあり，そのような場合に元の問題の性質をなるべく保ったままでより低次元の空間に射影するのが次元削減の処理です．次元削減により，メモリ使用量や計算時間を減らせるだけでなく，データ間の類似性や相異点がはっきりとみえるようになるというメリットがあります．次元削減の方法としては，主成分分析やトピックモデル，さらに最近はニューラルネットワークを用いる方法が盛んに研究されています．

2.1.3 強化学習

強化学習（reinforcement learning）は，人間が日常さまざまな行動を行い，それに対するフィードバックに基づいてふるまいを改善していくのと似たような学習方法です．システム（エージェントともいう）は，可能な行動のなかから1つを選択して実行するということを繰り返し行います．これに対して，実行された行動の良し悪しを反映した報酬というフィードバックがシステムに与えられます．報酬は必ずしも1つ1つの行動に対して与えられるとは限らず，たとえば一連の行動の最後に1回だけ与えられる場合もあります．システムはより多くの報酬が得られるように，どのような状況においてどの行動をとるのがよいかという行動戦略を学習していきます（**図2-5**）．

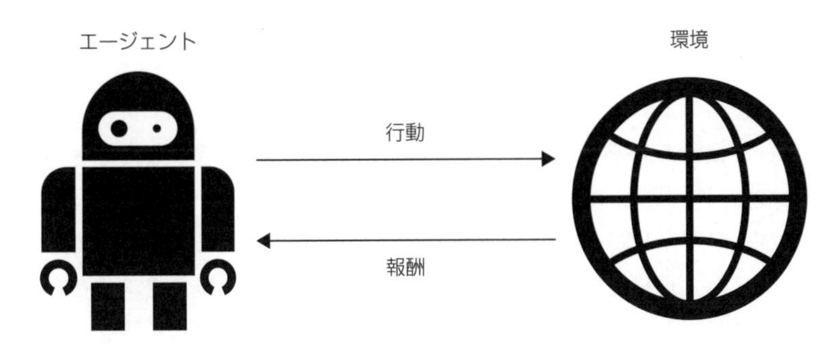

図2-5 強化学習

強化学習の応用分野として，ロボットの行動学習やゲームをプレイするプログラムの学習が挙げられます．2016年に人間のトッププロ棋士に勝ったことで有名になったGoogle社の囲碁プログラムAlphaGoは，自分を相手に多数の対局を行い，その勝敗結果を報酬として強化学習することにより強くなったとされています．自然言語処理の分野では，人間と自然言語で対話を行う対話システムにおいて，応答戦略を改善するために強化学習を用いる研究があります．

2.1.4 深層学習

深層学習（deep learning）は，多層のニューラルネットワークを用いる学習方法です（**図 2-6**）．

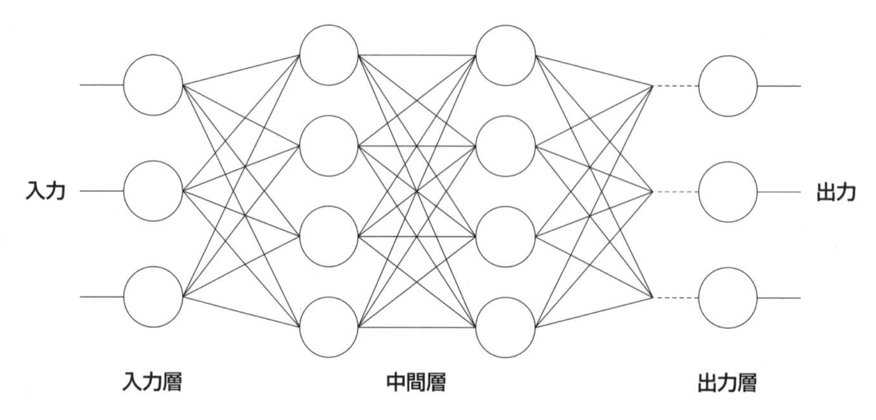

図 2-6　深層学習で用いられる多層ニューラルネットワーク

ニューラルネットワークは，人間の神経細胞ネットワークをモデルにした，非線形性をもつ教師あり学習のモデルとして広く用いられてきましたが，入力層と出力層をつなぐ中間層（隠れ層）の数が多くなると，正しい出力データからのフィードバックが十分に働かなくなるという問題（勾配消失問題）がありました．ネットワークの大規模化に限界があることから，高度で複雑なタスクへの適用は難しかったのですが，近年，入力層に近い層から順に教師なし学習を繰り返し行う（事前学習という）ことにより，その後の教師あり学習を効果的に行えることがわかり，多層ネットワークを用いた深層学習が爆発的なブームとなりました．

深層学習は画像認識や音声認識などのディジタルデータを入力とするタスクにおいて大きな効果を発揮することが知られています．自然言語は記号と記号列の体系なので，画像や音声の処理とは異なる工夫が必要となります．精力的な研究の結果，系列変換モデル（sequence-to-sequence model），注意（attention），長短期記憶（long short-term memory）などの技術が開発され，機械翻訳や文書要約，対話システムなど，さまざまな自然言語処理タスクに応用されるようになってきました．とくに機械翻訳では，従来の翻訳システムよりも人間に近い自然な翻訳文を生成できるようになり，今後のさらなる発展が期待されています．

本書の次節以降では，機械学習のなかでも自然言語処理の広範な問題に適用できる教師あり学習，とくに分類タスクに焦点を当てて，代表的な手法をJavaのプログラムとともに説明していきます．

2.2　分類器とその使いかた

2.2.1　分類器

2.1.1項で説明した教師あり学習を用いて分類タスクを行う仕組みを**分類器**（classifier）と呼びます．分類器の代表的な種類として，ナイーブベイズ分類器，SVM，ニューラルネットワーク，決定木，ランダムフォレストなどが挙げられます．また，分類先のラベルが2種類（yes / no, positive / negativeなど）の場合は**二値分類**と呼び，3種類以上の場合は**多値分類**と呼びます．

入力データと正解ラベルの対をたくさん学習データとして分類器に与えると，分類器固有のアルゴリズムにより，入力データから正しい出力ラベルが得られるように分類器内のパラメータ値の調整が行われます．これを**学習**といいます．その後，学習済みの分類器に新しいデータ（テストデータ）を与えて，そのデータに対して正しいラベルを出力することができれば学習成功です（**図2-7**）．

図2-7では，例として人名を入力するとその人が「政治家」[†2]，「非政治家」のいずれであるかを出力する状況を考えています．一般に，分類の対象としてはさまざまな「もの」や「データ」（画像データやテキストデータなど）が考えられます．「もの」や「データ」自体は統計的な学習アルゴリズムの適用に必ずしも適していないため，分類器へ入力する際は「もの」や「データ」の特徴を数値列として表現する**特徴ベクトル**（feature vector）$x = (x_1, x_2, ..., x_n)$ を作成し，それを入力とします．特徴ベクトルの各要素 x_i は**特徴量**（feature）と呼ばれます（自然言語処理の分野では特徴量の代わりに**素性**という言葉も使われます）．

[†2] ここで，政治家には昔の将軍や大名も含むものとします．

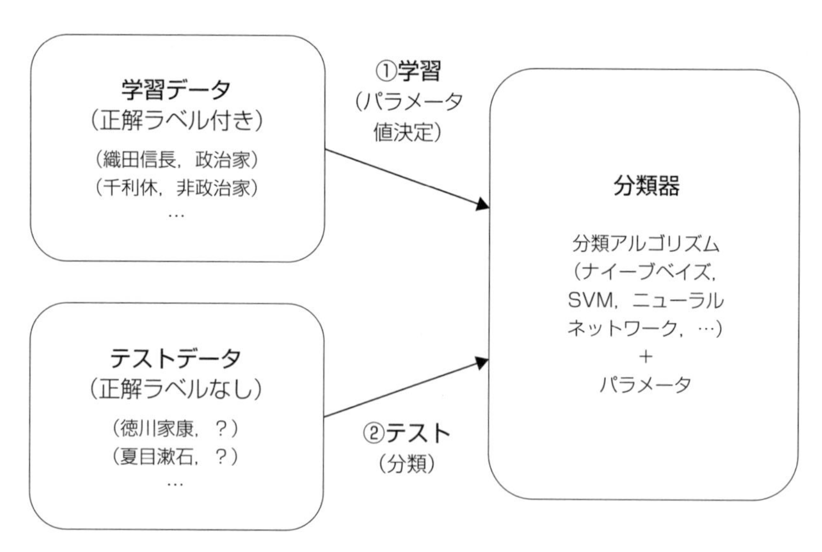

図 2-7 分類器とその使いかた

図 2-7 の例に戻ると，1 人の人間を表す特徴量としては生年月日，身長，性別，兄弟の数などさまざまなものが考えられます．しかしどんな特徴でもよいというものではなく，分類の目的に合うように着目する特徴を選ぶ必要があります．ここでは，対象の人物について書かれた Web ページに含まれるいくつかの単語の出現回数を特徴量として考えることにします（**表 2-2**[†3]）．たとえば「織田信長」の特徴ベクトルは (14, 10, ..., 4, ..., 0) となります．

表 2-2 人物について書かれた Web ページ内の単語出現回数

	「城」	「大名」	…	「大臣」	…	「作品」
織田信長	14	10	…	4	…	0
千利休	1	3	…	0	…	1
徳川家康	12	12	…	5	…	0
…	…	…	…	…	…	…

[†3] この表の「城」，「大名」といった単語は，政治家と非政治家の違いが現れそうな例として筆者が選んだものです．

2.2.2　分類器の使用手順

分類器を使用する際の典型的な手順は**図 2-8** のようになります．

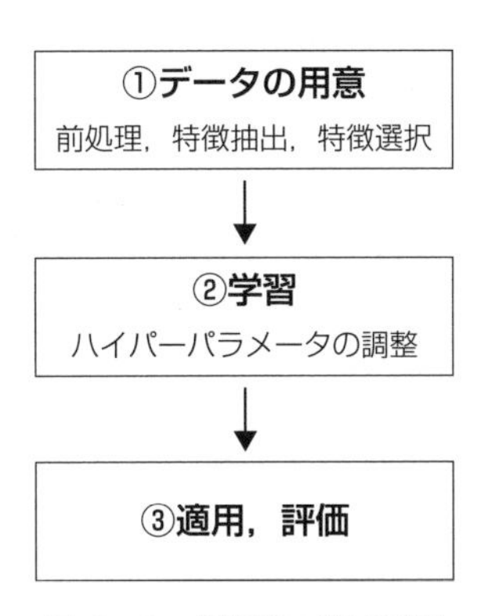

図 2-8　分類器の使用手順

手順 1　データの用意

分類対象の特徴ベクトルと正解ラベルの対の形をした学習データを作成します．任意の入力に対して適切なラベルを出力できるように学習するためには，なるべく多くの学習データを分類器に与えることが望まれます．どのくらいの数の学習データを用意すれば十分かは問題の複雑さに依存します．100 個程度で十分な場合もあれば数千，数万，あるいはそれ以上の学習データがないと良い結果が得られない場合もあります．

対象から特徴ベクトルを作成する処理は**特徴抽出**と呼ばれます．この際，対象データの種類に応じた**前処理**と呼ばれる処理を最初に行うことがあります．たとえばテキストデータの場合は，文字の正規化や文分割，形態素解析，不要語除去などの前処理がよく行われます．抽出された特徴量に対しては，しばしばスケーリングと呼ばれる値の正規化処理が行われます．これは特徴量の種類によって取る値の範囲が大きく異なる場合，アルゴリズムによっては学習の性能に悪影響があるためで，特徴量の種類ごとにその値が一定の範囲（たとえば 0 以上 1 以下の実数値）に収まるように値の変換を行います．

扱う特徴量の種類数，つまり特徴ベクトルの次元にも注意が必要です．学習において使用する特徴が多くなると，十分な量の学習データが用意できないときに学習データが高次元空間内で**まばら**（sparse）になり，学習の精度が悪くなります．そのため，分類に有用な特徴のみに絞り込み，有用でない特徴は除去する**特徴選択**の処理が重要となります．特徴選択の方法として，各特徴と分類先ラベルの相関の強さを調べて相関の強い特徴のみを残すという方法があります．相関の強さを測る尺度としては自己相互情報量（PMI：Pointwise Mutual Information）やカイ二乗値が使われます．たとえば 2.2.1 項の例において，「城」や「大臣」という語は政治家と非政治家で出現傾向が大きく異なる（つまり出力ラベルと相関が強い）ので，政治家か非政治家かの分類において有用と考えられます．一方，たとえば時代や出身地を表す語は比較的相関が弱く，分類においてあまり役に立たないので除去を検討すべきであると考えられます．

手順2　学習

用意した学習データ（**訓練データ**，training data）を用いて分類器固有のアルゴリズムにより学習を行います．学習の内容は分類器の種類により異なりますが，分類器内の**パラメータ**の値を順次調整していく方法がよく用いられます．

分類器によっては，人間が事前に値を設定し 1 回の学習のなかで固定した値として使用するパラメータが存在します（SVM におけるコスト C や，ニューラルネットワークにおける中間層のユニット数など）．このようなパラメータを，ほかの学習中に値が変化するパラメータと区別して**ハイパーパラメータ**と呼びます．ほかのパラメータのように学習アルゴリズムによって自動的に値が最適化されることはありませんので，より良い分類精度を目指すために手作業でハイパーパラメータの最適値を探す必要があります．具体的には，学習データともテストデータとも異なるデータ（**開発データ**と呼ばれます）を用いて，ハイパーパラメータのさまざまな値設定のもとで学習を実行し，その結果得られる分類精度を比較して最も精度が高くなる値に決定します（**図 2-9**）．ハイパーパラメータが 2 個以上ある場合は，それらの値の可能な組合せを網羅的に探索する**グリッドサーチ**がよく用いられます．

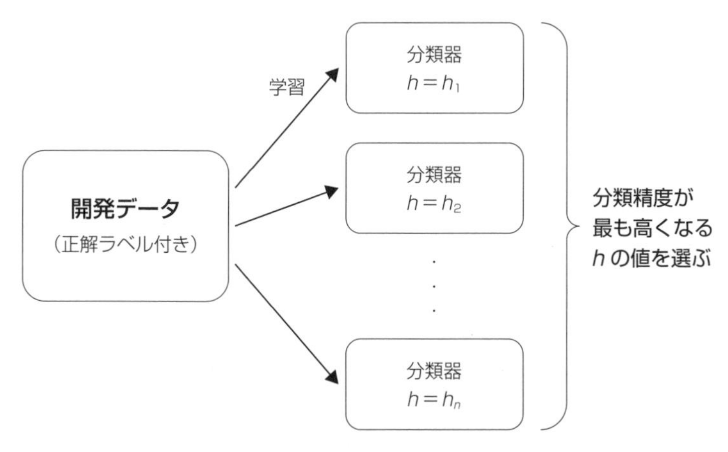

図2-9　ハイパーパラメータhの値の調整

手順3　適用，評価

学習が終わった後の分類器に対して，新たなデータ（正解ラベルなし）を入力し，そのデータに対応すると推測される分類ラベルを出力します．

学習済みの分類器がどのくらい正しく分類を行うのか調べるために，分類精度の評価実験を行います．対象タスクに対して選んだ分類器の種類が適切かどうか，あるいは用意した学習データが十分かどうかを判断するには，分類精度の評価が必要です．次項では分類器の性能評価の方法について説明します．

2.2.3　分類器の評価方法

学習済みの分類器の性能評価に使用するデータを**テストデータ**といいます．テストデータは入力データ（特徴ベクトル）と正解ラベルの対の形をしており，このうち入力データのみを分類器に与えてラベルの推測を行います．そして分類器が推測したラベルと，もともとテストデータにあった正解ラベルを比較して，正しい推測が行われたか否かを判断します．用意したテストデータを1個ずつ順に入力してこのような判断を繰り返し行っていき，最後に結果を次のような表（**混同行列**，confusion matrix）にまとめます．表の各欄には，そこにあてはまるテストデータの個数を記します（**表2-3**）．

表2-3　混同行列

		正　解			
		ラベル1	ラベル2	…	ラベルm
推　測 （出　力）	ラベル1				
	ラベル2				
	…				
	ラベルm				

このような混同行列を作成することで，どのような種類の誤りが多いかも一目で把握できるようになります．混同行列における対角線の部分（灰色に塗った箇所）が，推測が正しかったケースを示しています．推測が正しかった事例の割合を，分類の**正解率**（accuracy）と呼びます．

$$\text{正解率}=\frac{\text{推測が正しかったテストデータ数}}{\text{全テストデータ数}}$$

正解率は，分類の精度を表す指標として最もよく使われる指標の1つです．ほかの評価指標としては，特定のラベルに着目して，そのラベルを分類器が推測した事例とそのラベルを正解ラベルとしてもつ事例を比較することにより得られる**適合率**（精度ともいう，precision），**再現率**（recall），***F*値**（適合率と再現率の調和平均，F-measure）といった指標があります．

$$\text{適合率}=\frac{\text{正解ラベル}\ c\ \text{を正しく推測したテストデータ数}}{\text{分類器が}\ c\ \text{を推測したテストデータ数}}$$

$$\text{再現率}=\frac{\text{正解ラベル}\ c\ \text{を正しく推測したテストデータ数}}{\text{正解ラベルが}\ c\ \text{であるテストデータ数}}$$

$$F\quad\text{値}=\frac{2\times\text{適合率}\times\text{再現率}}{\text{適合率}+\text{再現率}}$$

これらの値をすべてのラベルにわたって平均する方法として，それぞれの計算値の算術平均をとる**マクロ平均**と，それぞれの分母の総和，分子の総和の比を計算する**マイクロ平均**の2種類があります．

分類器を評価する際，学習に使用した学習データ（の一部）をテストデータとして用いて評価する方法を**クローズドテスト**，学習データとは異なるテストデータを使って評価する方法を**オープンテスト**といいます．学習は入力データを正しく分類できるように行うものなので，クローズドテストで高い精度（必ずしも100％ではない）が得られるのは当然であり，そのため通常はオープンテストにより分類器の評価を行います．もしクローズドテストで高い精度が得られない場合は，特徴量の選びかたなど特徴ベクトルの作成方法になにか問題がある可能性があります．オープンテストの精度がクローズドテストの精度より低いのは仕方がないですが，予想したよりも低い精度だった場合は，学習で得られた分類のための規則が十分に一般化できていないと考えられます．この場合は，学習データの量を増やす，特徴量を絞り込む，分類器の設定や種類を見直す，などの対策が考えられます．

オープンテストでは学習データと評価用のテストデータの間に重複がないように，あらかじめ用意した入力と正解ラベルの対の形をしたデータを2つの部分に分割し，一方を学習データ，もう一方をテストデータとして使用します．別の方法として，次のような**交差確認法**（cross validation）を用いる場合もあります．交差確認法では，全データをk等分します．このなかの$k-1$個を使って学習を行い，残りの1つを使ってテストを行う，という処理を，テストに使う箇所を順に変えながら全部でk回繰り返し，最後に得られた評価結果の平均を求めます．これにより用意したデータを最大限に活用して偏りの少ない評価を行うことができます．

2.3　ナイーブベイズ分類器

2.3.1　概要

ナイーブベイズ分類器（naive Bayes classifier）は確率に基づく分類アルゴリズムです．単純なアルゴリズムであるにもかかわらず高い精度が得られるので，さまざまな問題に適用されています．よく知られている例としては迷惑メールの判定があります．

ナイーブベイズ分類器は，入力ベクトルxが与えられたとき，xが起きるという条件の下で出力ラベルがcとなる**条件付き確率**[†4] $P(c|x)$ が最大となるようなラ

ベル c を出力します．確率 $P(c|x)$ を直接推定するのは困難なので，**ベイズの定理**を使って次のように書き換えます．

$$P(c|x)=\frac{P(c)P(x|c)}{P(x)}$$

ここで右辺の分母 $P(x)$ は c に依存しないので，$P(c|x)$ を最大化する問題は右辺の分子 $P(c)P(x|c)$ を最大化する問題に帰着します．このうち確率 $P(c)$ の値は，十分な量の学習データが与えられた場合，次の式により推定することができます（**最尤推定**）．

$$P(c)=\frac{\text{正解ラベルが } c \text{ である学習データの数}}{\text{学習データの総数}}$$

一方，$P(x|c)$ を推定するのは困難です．そこで，「特徴ベクトル x を構成する各特徴量 x_i（$1 \leqq i \leqq n$）はほかの特徴量と独立に値が決まる」という理想化された仮定をおくことにします．これにより

$$P(x|c)=P(x_1|c)P(x_2|c)...P(x_n|c)=\prod_{i=1}^{n}P(x_i|c)$$

と表すことができて，各特徴量 x_i に対して $P(x_i|c)$ の値を推定できれば $P(x|c)$ の値を計算できることになります．$P(x_i|c)$ の推定方法は，この条件付き確率がどんな確率分布に従うと仮定するかによって変わります．たとえば x_i が実数値をとる場合は，正規分布のような連続確率分布を仮定することになります．しかしここでは簡単のため，x_i が 0, 1 の 2 種類の値のみをとる場合を考えます．そして条件 c の下で x_i は一定の確率 $p(x_i, c)$ で値 1 を，確率 $1-p(x_i, c)$ で値 0 をとると仮定します．このような確率分布は**ベルヌーイ分布**と呼ばれます．ベルヌーイ分布に従う特徴量 x_i が値 1 をとる確率 $p(x_i, c)$ は次のように最尤推定で求めることができます．

$$p(x_i, c)=\frac{\text{正解ラベルが } c \text{ で，} x_i=1 \text{ である学習データの数}}{\text{正解ラベルが } c \text{ である学習データの数}}$$

---

†4　事後確率ともいいます．

この値を使って $P(x_i|c)$ は次のように表されます．

$$P(x_i|c) = \text{if } (x_i = 1) \text{ then } p(x_i, c) \text{ else } 1 - p(x_i, c)$$

以上のように学習データから推定した確率値を用いて，それぞれのラベル c に対して

$$P(c)P(x|c) = P(c)\prod_{i=1}^{n} P(x_i|c)$$

を計算し，この値が最大になるようなラベル c を出力すればよいことになります．

実際には，ここで 1 つ問題が生じます．多くの種類の特徴量を扱う問題の場合（たとえば文書中にある単語 w が出現するか (1) しないか (0) を 1 つの特徴量とみなすと，単語の種類数だけの特徴量を扱うことになります），ある特徴量 x_i に対して，$x_i=1$ かつ正解ラベルが c であるような学習データがたまたま 1 個も存在しないという可能性があります．この場合，最尤推定を用いると $p(x_i, c) = 0$ となり，$x_i=1$ であるようなすべての事象の確率が 0 となってしまいます（**ゼロ頻度問題**）．このような極端な値は実際上望ましくないので，学習データ内でたまたま 0 回だったとしても推定する確率値が 0 にならないように，先ほどの推定の式の代わりに以下の式がよく用いられます（**MAP 推定**）．

$$p(x_i, c) = \frac{\text{正解ラベルが } c \text{ で，} x_i = 1 \text{ である学習データの数} + \alpha}{\text{正解ラベルが } c \text{ である学習データの数} + 2\alpha}$$

$$P(c) = \frac{\text{正解ラベルが } c \text{ である学習データの数} + \alpha}{\text{学習データの総数} + \text{ラベルの種類数} \times \alpha}$$

これは，それぞれ求めたデータ数に対して共通の定数 α を足している（ゲタを履かせている）ことに相当します．α を大きくするほど特徴量間の確率のばらつきが小さくなります．このことからこの操作を**スムージング**と呼ぶこともあります．逆に $\alpha = 0$ とすると最尤推定と一致します．α は一種のハイパーパラメータであり，実験を通じて適当な値を決めていくことになります．

ここではナイーブベイズ分類器の，とくに**多変数ベルヌーイモデル**と呼ばれる確率モデルに基づく方法を説明しました．この方法は，分類の計算量が特徴量の種類数に比例するため，特徴量の種類が多い場合はほかの確率モデルが採用され

ることもあります．また，やはり特徴量の種類が多い場合は計算される確率が非常に小さい値となりコンピュータ内部の実数値として表現できなくなる（アンダーフロー）恐れがあるため，それぞれの確率値を対数変換したうえでそれらの和を計算する処理に置き換えることもよく行われます．

2.3.2　使用手順

ナイーブベイズ分類器を使用する際は，まず次のように学習データを用いた学習を行い，続いて新しいデータを与えて分類を行います（適用）．

学習

与えられた学習データから確率 $P(c)$ および $p(x_i, c)$ の推定値を各 c および x_i の組合せに対して計算し，保存します．

適用

与えられた入力データ x から各ラベル c に対して $P(c)P(x|c)$ の値を計算し，値が最大となるラベル c を分類結果として出力します．

演習 2.1　ナイーブベイズ分類器の実装

ここでは多変数ベルヌーイモデルに基づくナイーブベイズ分類器を Java で実装します．実装したプログラムを直ちにテストできるように，サンプルの学習データ（person_data.txt）を本書の Web ページ上に用意しましたので，Java のソースプログラムとともにダウンロードして使ってください．このデータは表 2-2 の人物データです．二値分類であり，分類ラベルの 1 は政治家，2 は非政治家を表します．特徴量としては，各人物について書かれた Web ページに含まれる 7 種類の単語（1＝城，2＝大名，3＝茶，4＝明治，5＝大臣，6＝戦争，7＝作品）の出現回数を用います．

この演習で用いるプログラムの全体的な構成を図 2-10 に示します．

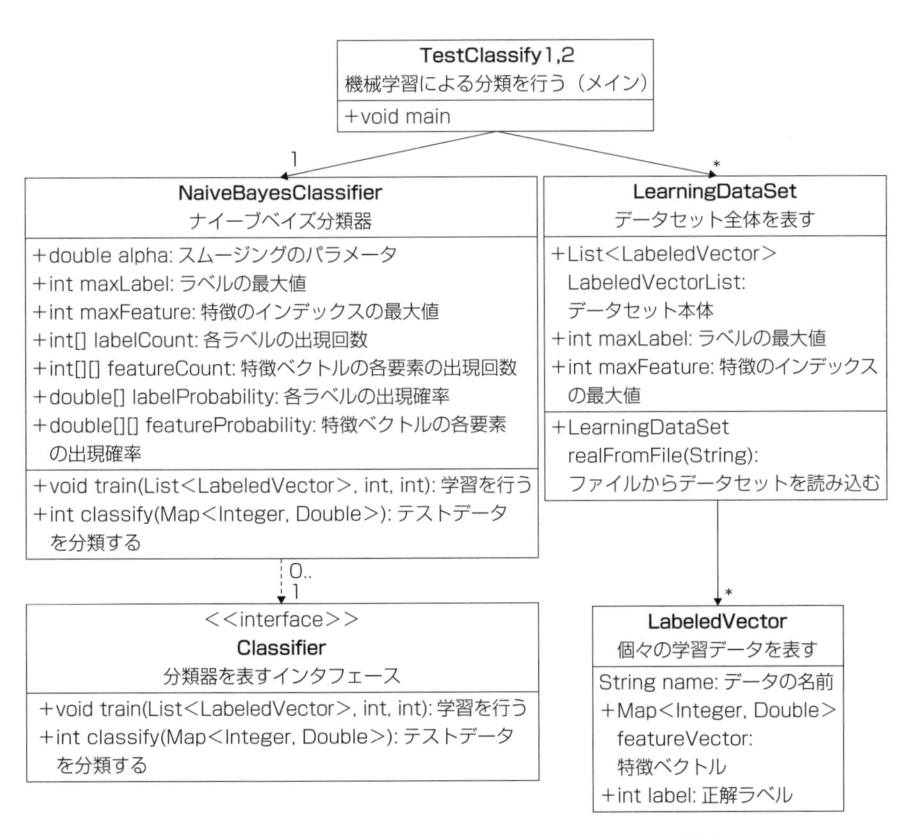

図 2-10 ナイーブベイズ分類器のプログラムのクラス構成図

まず，学習データのファイル形式とそれを Java プログラムで読み込んだ際のデータ構造について説明します．学習データのファイル形式は次の**図 2-11** のようになっています．

```
<label><name><index1>:<value1><index2>:<value2>…<indexN>:<valueN>
<label><name><index1>:<value1><index2>:<value2>…<indexN>:<valueN>
<label><name><index1>:<value1><index2>:<value2>…<indexN>:<valueN>
…
```

図 2-11 学習データのファイル形式

ファイルの1行が1組の学習データ（正解ラベル，データ名，特徴ベクトル）に対応します．正解ラベルは正の整数で表すことにします．データ名は任意の文字列で，学習時には使用されませんが，分類結果を分析する際の識別情報として付与しています．特徴ベクトルは，ベクトルの何番目の成分（index）がどんな値（value）であるかをindexの昇順に並べて書きます．ここでindexは1から始まるものとします．また，あるindexに対するvalueが0である場合は，そのindexに関する記述を省略できることにします．たとえば通常の記法で(0, 0, 1, 0, 2, 0)というベクトルは，このindexとvalueの組による表現方法では(1:0, 2:0, 3:1, 4:0, 5:2, 6:0)と表されますが，valueが0の箇所を省略して(3:1, 5:2)と表すこともできます．このような表現を**疎ベクトル表現**と呼び，大多数の成分が0であるような高次元のベクトル（自然言語処理でしばしば現れます）を簡潔に扱うのに適しています．

この形式で記述されたファイルをJavaプログラムによってメモリに読み込む際のデータ構造は，次のLabeledVectorクラスとLearningDataSetクラスにより表現します．LabeledVectorクラスは，個々の学習データを表すクラスです．ここで特徴ベクトルはInteger型のインデックスからDouble型の値へのMapとして表現し，あるインデックスに対応する値が定義されていない場合は，値が0であるとみなします．

リスト2-1　LabeledVector.java

```
package chapter2;

import java.util.Map;

/** 個々の学習データ（特徴ベクトル + 正解ラベル）を表すクラス */

public class LabeledVector {
  /** データの名前 */
  public String name;
  /** 特徴ベクトル */
  public Map<Integer, Double> featureVector;
```

```
  /** 正解ラベル */
  public int label;
}
```

次の LearningDataSet クラスは，データファイルから読み込んだデータセット全体を表すクラスで，データセットにおける正解ラベルと特徴のインデックスの最大値も保持します．ファイルからデータセットを読み込むメソッドもこのクラスで定義することにします．

リスト 2-2 LearningDataSet.java

```
package chapter2;

import java.io.BufferedReader;
import java.io.FileReader;
import java.io.IOException;
import java.util.ArrayList;
import java.util.HashMap;
import java.util.List;

/** 教師あり学習用データセット */

public class LearningDataSet {
  /** データセット本体 */
  public List<LabeledVector> labeledVectorList;
  /** ラベルの最大値 */
  public int maxLabel;
  /** 特徴のインデックスの最大値 */
  public int maxFeature;

  /** ファイルからデータセットを読み込む */
  public static LearningDataSet readFromFile(String fileName) {
    LearningDataSet dataSet = new LearningDataSet();
    dataSet.labeledVectorList = new ArrayList<LabeledVector>();
```

```
  dataSet.maxLabel = 0;  // 正解ラベルは1以上と仮定
  dataSet.maxFeature = 0; // 特徴indexは1以上と仮定

  try {
   BufferedReader br = new BufferedReader(new FileReader(fileName));
   String line;
   while ((line = br.readLine()) != null) {
    LabeledVector lv = new LabeledVector();
    String[] split1 = line.split("[ \t]+"); // 空白またはタブで分割
    lv.label = Integer.parseInt(split1[0]);
    if (lv.label > dataSet.maxLabel) {
     dataSet.maxLabel = lv.label;
    }
    lv.name = split1[1];
    lv.featureVector = new HashMap<Integer, Double>();
    for (int i = 2; i < split1.length; i++) {
     String[] split2 = split1[i].split(":");
     int feature = Integer.parseInt(split2[0]);
     double value = Double.parseDouble(split2[1]);
     lv.featureVector.put(feature, value);
     if (feature > dataSet.maxFeature) {
      dataSet.maxFeature = feature;
     }
    }
    dataSet.labeledVectorList.add(lv);
   }
   br.close();
  } catch (IOException ex) {
   ex.printStackTrace();
  }

  return dataSet;
 }
```

```
}
```

ナイーブベイズ分類器（NaiveBayesClassifier クラス）は，一般の分類器を表す Classifier インタフェースを実装する形で定義します．

リスト 2-3 Classifier.java

```
package chapter2;

import java.util.List;
import java.util.Map;

/** 分類器を表すインタフェース */

public interface Classifier {

  /** 学習データセットを使って学習を行う */
  public void train(List<LabeledVector> trainingDataSet, int maxLabel,
int maxFeature);

  /** テストデータを分類する */
  public int classify(Map<Integer, Double> featureVector);
}
```

NaiveBayesClassifier クラスの train メソッドでは，それぞれのラベルと特徴量の出現回数を数えて確率値を求めます．なお，各特徴量の値は，入力ファイルでは任意の実数値を指定することができるのですが，今回はベルヌーイモデルを用いるため，0，1 の 2 種類の値のみをとるものとして扱います．そのため，入力された特徴量の値が 0 以外の場合はすべて値 1 とみなして扱うことにします．classify メソッドでは，入力ベクトルに対してラベルの種類ごとに $P(c)P(x|c)$を計算し，この値が最大となるラベル c を出力します．

リスト 2-4 NaiveBayesClassifier.java

```
package chapter2;
```

```
import java.util.List;
import java.util.Map;
import java.util.Map.Entry;

/** ナイーブベイズ分類器 */

public class NaiveBayesClassifier implements Classifier {
  /** スムージングのパラメータ */
  public double alpha = 1.0;
  /** ラベルの最大値 */
  public int maxLabel;
  /** 特徴のインデックスの最大値 */
  public int maxFeature;
  /** ラベルごとの出現回数 */
  public int[] labelCount;
  /** 特徴ごとの出現回数 */
  public int[][] featureCount;
  /** ラベルごとの出現確率 */
  public double[] labelProbability;
  /** 特徴ごとの出現確率 */
  public double[][] featureProbability;

  /** 学習データセットを使って学習を行う */
  public void train(List<LabeledVector> trainingDataSet, int maxLabel,
int maxFeature) {
    this.maxLabel = maxLabel;
    this.maxFeature = maxFeature;

    labelCount = new int[maxLabel + 1];
    featureCount = new int[maxLabel + 1][maxFeature + 1];
    labelProbability = new double[maxLabel + 1];
    featureProbability = new double[maxLabel + 1][maxFeature + 1];
```

```
    // ラベルと特徴の出現回数を数える
    for (LabeledVector lv : trainingDataSet) {
      labelCount[lv.label]++;
      for (Entry<Integer, Double> entry : lv.featureVector.entrySet())
{
        if (entry.getValue() != 0.0) { // 0以外の値はすべて1とみなす
          featureCount[lv.label][entry.getKey()]++;
        }
      }
    }
    // ラベルと特徴の出現確率を計算する（スムージング使用）
    for (int i = 1; i <= maxLabel; i++) {
      labelProbability[i] = (double)(labelCount[i] + alpha) / (training
DataSet.size() + alpha * maxLabel);
      for (int j = 1; j <= maxFeature; j++) {
        featureProbability[i][j] = (double)(featureCount[i][j] + alpha) /
(labelCount[i] + alpha * 2.0);
      }
    }
  }

  /** テストデータを分類する */
  public int classify(Map<Integer, Double> featureVector) {
    double maxProb = 0.0;
    int maxProbLabel = 0;

    for (int i = 1; i <= maxLabel; i++) {
      double prob = labelProbability[i];
      for (int j = 1; j <= maxFeature; j++) {
        Double d = featureVector.get(j);
        if (d != null && d != 0.0) {
          prob *= featureProbability[i][j];
```

```
      } else {
        prob *= (1 - featureProbability[i][j]);
      }
    }
    if (prob > maxProb) {
      maxProb = prob;
      maxProbLabel = i;
    }
  }

  return maxProbLabel;
 }
}
```

最後に，上で定義したナイーブベイズ分類器のテストをするプログラム TestClassify1.java を挙げます．このプログラムでは，学習データファイル person_data.txt から読み込んだデータのうち最後の1個を除くデータを使って学習を行い，最後の1個のデータが正しく分類できるかどうか確かめています．

リスト2-5　TestClassify1.java

```
package chapter2;

import java.util.List;

/** 分類器のテストを行うメインプログラム(1)　1個のテストデータを分類する */

public class TestClassify1 {

 public static void main(String[] args) {
   // 学習データとテストデータの準備
   // ファイル内の末尾のデータをテストデータとし，その他のデータを学習データとする
   LearningDataSet dataSet = LearningDataSet. readFromFile ("person_
data.txt");
```

```
    List < LabeledVector > lvList = dataSet.labeledVectorList;
    List < LabeledVector > trainingDataList = lvList.subList(0, lvList.
size() - 1);
    LabeledVector testData = lvList.get(lvList.size() - 1);

    // 分類器の初期化
    Classifier classifier = new NaiveBayesClassifier();
    // Classifier classifier = new SVMClassifier();
    // Classifier classifier = new NeuralClassifier();

    // 学習データを用いた学習
    classifier.train (trainingDataList, dataSet.maxLabel, dataSet.
maxFeature);

    // テストデータへの適用
    int c = classifier.classify(testData.featureVector);
    System.out.println("名前=" + testData.name + "\t 正解ラベル=" + testData.
label + "\t 分類結果=" + c);
  }
}
```

本書の Web ページ上にあるデータファイルを入力として与えると，次のような結果が得られます．

実行結果

```
名前=吉田茂　正解ラベル=１　分類結果=１
```

次に，分類器のテストを行うメインプログラムの例をもう 1 つ挙げます．今度は，より本格的に分類器の学習精度を確認するために，2.2.3 項で説明した交差確認法を用いて分類器のテストを行い，混同行列と正解率を出力するプログラム TestClassify2.java を作成します．以下のプログラムは，指定した整数 k に対して，全学習データを k 等分して，このなかの $k-1$ 個を使って学習を行い，残りの 1 つを使ってテストを行う，という処理を，テストに使う箇所を順に変

えながら全部で k 回繰り返します．最後に，得られた結果全体の混同行列と平均正解率を出力します．出力される混同行列の i 列 j 列の数値は，分類器の出力ラベルが i で正解ラベルが j であるようなデータの個数を表します．

リスト2-6　TestClassify2.java

```
package chapter2;

import java.util.ArrayList;
import java.util.Collections;
import java.util.List;

/** 分類器のテストを行うメインプログラム(2)  k分割交差確認を行う */

public class TestClassify2 {

  public static void main(String[] args) {
    int k = 10; // 交差確認法における分割数

    LearningDataSet dataSet = LearningDataSet.readFromFile("person_
data.txt");
    List<LabeledVector> lvList = dataSet.labeledVectorList;
    Collections.shuffle(lvList); // 学習データの順序をランダムに変える

    int[][] confusionMatrix = new int[dataSet.maxLabel + 1][dataSet.
maxLabel + 1];
    int numCorrect = 0; // 正解数

    // 学習データとテストデータの組合せを変えてk回繰り返す
    for (int i = 0; i < k; i++) {
      // 学習データとテストデータの振り分け
      List<LabeledVector> trainingDataList = new ArrayList<LabeledVector>
();
      List<LabeledVector> testDataList = new ArrayList<LabeledVector
```

```
>();
    for (int j = 0; j < lvList.size(); j ++) {
     if (j % k == i) {
      testDataList.add(lvList.get(j));
     } else {
      trainingDataList.add(lvList.get(j));
     }
    }

    // 分類器の初期化
    Classifier classifier = new NaiveBayesClassifier();
    //Classifier classifier = new SVMClassifier();
    //Classifier classifier = new NeuralClassifier();

    // 学習データを用いた学習
    classifier.train(trainingDataList, dataSet.maxLabel, dataSet.maxFeature);

    // テストデータへの適用
    for (LabeledVector lv : testDataList) {
     int c = classifier.classify(lv.featureVector);
     System.out.println("名前=" + lv.name + "\t 正解ラベル=" + lv.label
+ "\t 分類結果=" + c);
     confusionMatrix[c][lv.label]++;
     if (c == lv.label) {
      numCorrect ++;
     }
    }
   }
   System.out.println("混同行列");
   for (int i = 1; i <= dataSet.maxLabel; i ++) {
    for (int j = 1; j <= dataSet.maxLabel; j ++) {
     System.out.print(confusionMatrix[i][j] + "\t");
    }
```

```
    System.out.println();
   }
   System.out.println("正解率=" + (((double)numCorrect) / lvList.size
()));
  }
}
```

本書の Web ページ上にあるデータファイル person_data.txt を入力として与えると，次のような結果が得られます．ただし，交差確認法で学習データとテストデータの振り分けをランダムに決めるために乱数を使用しているので，実行結果は毎回少しずつ変わります．

実行結果

```
混同行列
10    3
0     7
正解率= 0.85
```

この場合，分類器の出力ラベルは 1（政治家）だったが正解ラベルは 2（非政治家）であったデータが 3 個あることがわかります．

2.4　サポートベクトルマシン

2.4.1　概要

サポートベクトルマシン（SVM：Support Vector Machine）は，線形分類器という種類の分類器の一種であり，マージン最大化の考え方によって，一般性に優れた分類を行うことができます．また，線形分類器の単純さをもつ一方で，カーネル関数というものを組み合わせることで実質的に**非線形**の分類[†5]を行うこ

[†5] 非線形の分類は，複数のクラスのデータを超曲面（2 次元でいうと曲線）で分離するため，超平面（2 次元では直線）で分離する線形分類器よりも高い分類能力をもちます．

とも可能です．これらの特徴から SVM は自然言語処理を含む多くの分野で広く用いられる分類器となっています．SVM は基本的に二値分類のための手法ですが，二値分類を複数回繰り返すことで 3 値以上への分類を実現することもできます．以下の説明では正と負の 2 種類のラベル（**クラス**）に分類することを考えましょう．

線形分類器とは，入力データ $x = (x_1, x_2, ..., x_n)$ に対して

$$f(x)=w_1x_1+w_2x_2+\cdots+w_nx_n-b=\sum_{i=1}^{n}w_ix_i-b$$

の値を計算し，$f(x)\geqq 0$ ならば正クラス，$f(x)<0$ ならば負クラスに分類するというものです．ここで $w=(w_1, ..., w_n)$ および b は実数値パラメータで，学習によって決定されます．幾何学的にみると $f(x)=0$ という式は多次元空間における超平面を表しますので，線形分類器とは多次元空間において正クラスのデータ（正例といいます）と負クラスのデータ（負例）を分離する超平面（**分離平面**）を求めて，それを用いて分類を行う方法であるといえます．

次の**図 2-12** は正例と負例を分ける分離平面の例です[†6]．

[†6] 多次元空間の様子を図示するのは難しいので，ここでは簡略化して 2 次元平面上で表しています．

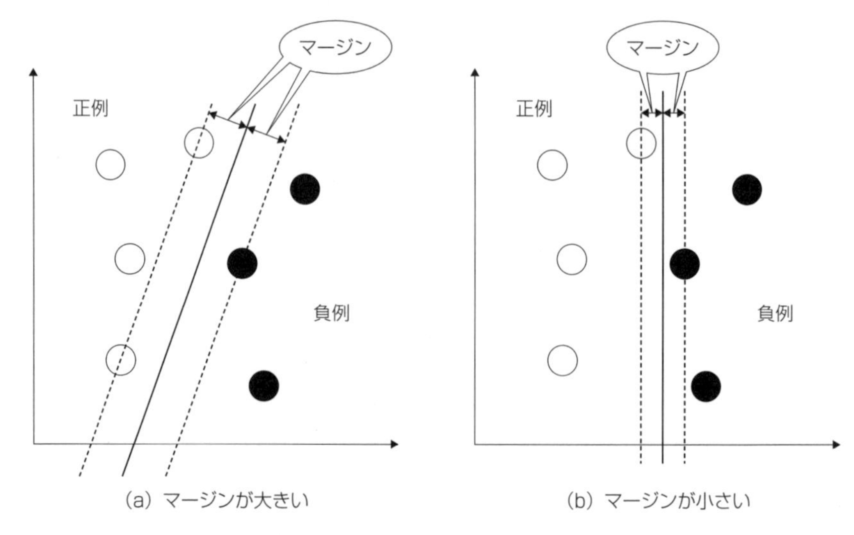

図 2-12　分離平面の例

図 2-12 の(a)と(b)はどちらも正例と負例を正しく分離していますが，(a)のほうがマージン（分離平面と最も近い学習データとの距離）が大きいので余裕をもって分離しているように見えます．一般に与えられた学習データに対する分離平面は無数に存在しますが，そのなかで最もマージンが大きくなるものを選ぶ(**マージン最大化**）という考えかたが SVM の特徴です．

いま，分離平面に最も近いデータ x' に対して $w \cdot x' - b = 1$[†7]となるようにパラメータ w と b の値を調整したとすると，分離平面と x' との距離，すなわちマージンは $1/|w|$ で表されます．そこで，マージン最大化の問題を次のような最適化問題と捉えることができます．

> 条件：任意の学習データ $(x^{(k)}, y^{(k)})$（ただし $y^{(k)}$ は k 番目の学習データの正解ラベルが正ならば $+1$，負ならば -1 とする）に対して，$y^{(k)}(\sum_{i=1}^{n} w_i x_i^{(k)} - b) \geqq 1$ の下で，$\frac{1}{2}|w|^2$ を最小化する．

†7　$w \cdot x'$ は2つのベクトル w と x' の内積を表します．

この問題をラグランジュの未定乗数法を用いて解くと，最終的に w は各学習データに対して定まる実数 $\alpha^{(k)}$ を用いて

$$w_i = \sum_k \alpha^{(k)} y^{(k)} x_i^{(k)}$$

と表されます．$\alpha^{(k)}$ は分離平面の決定に直接影響を与える少数の学習データ（マージンの縁にあるデータで**サポートベクトル**と呼ばれます）において非零となる以外はすべて 0 となります．

さて，実際のデータでは次の**図 2-13** のように例外的なデータが存在するため，平面による分離が困難な場合があります．

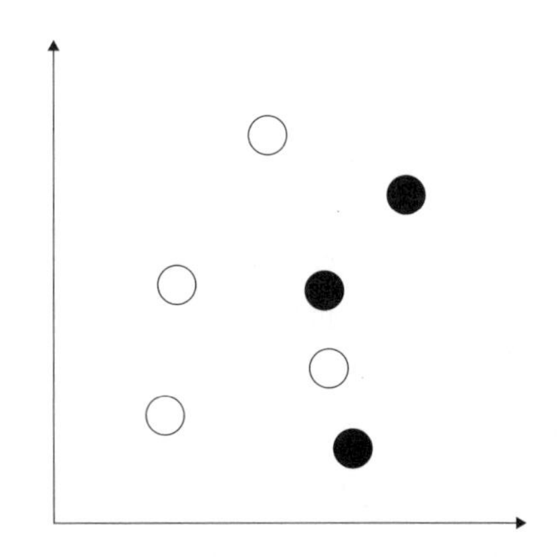

図 2-13　平面による分類が困難な例

そこで，分類の制約を緩めることを考えます．k 番目の学習データが制約を満たさない程度を表す変数 $\xi^{(k)}$ ($\geqq 0$) を導入します．この変数の値は小さいほど良いので，次のように最小化の目的関数に加えることにします．

条件：任意の学習データ $(x^{(k)}, y^{(k)})$ に対して， $y^{(k)}(\sum w_i x_i^{(k)} - b) \geqq 1 - \xi^{(k)}$ の下で $\frac{1}{2}\|w\|^2 + C\sum_k \xi^{(k)}$ を最小化する．

ここで C は正の定数であり，この値が大きければ制約を満たすことを重視し

た分類となり，小さければ例外的な学習データをほとんど無視した分類となります．この最適化問題を再びラグランジュの未定乗数法を用いて解くと，w は先ほどと同じ α を含む式で表されます．

2.4.2　使用手順

学習

与えられた学習データを用いて最適化問題を解いて，サポートベクトル $x^{(k)}$ の集合とそれらの重み $\alpha^{(k)}$，および b の値を求めて，保存します．

適用

与えられた入力データ x に対して

$$f(x)=\sum_{i=1}^{n} w_i x_i - b = \sum_{i=1}^{n}\left(\sum_{k}\alpha^{(k)}y^{(k)}x_i^{(k)}\right)x_i - b$$

($\sum_k$ はすべてのサポートベクトルに関する和）の値を計算し，$f(x) \geqq 0$ ならば正クラス，$f(x) < 0$ ならば負クラスに分類します．

2.4.3　カーネル法

SVM は 2 つのクラスの境界が超平面に限定される線形分類器なので，分類能力に限界があります．とくに特徴ベクトルの各成分，つまり特徴量に重みを掛けて足し合わせているだけなので，複数の特徴量の組合せを考慮した分類を行うことができません．少数の例外データに対しては 2.4.1 項で説明した変数 ξ の導入によって対応することができますが，たとえば次の**図 2-14** の(a)のような場合，1 つの超平面で正例と負例を分離することは困難です．

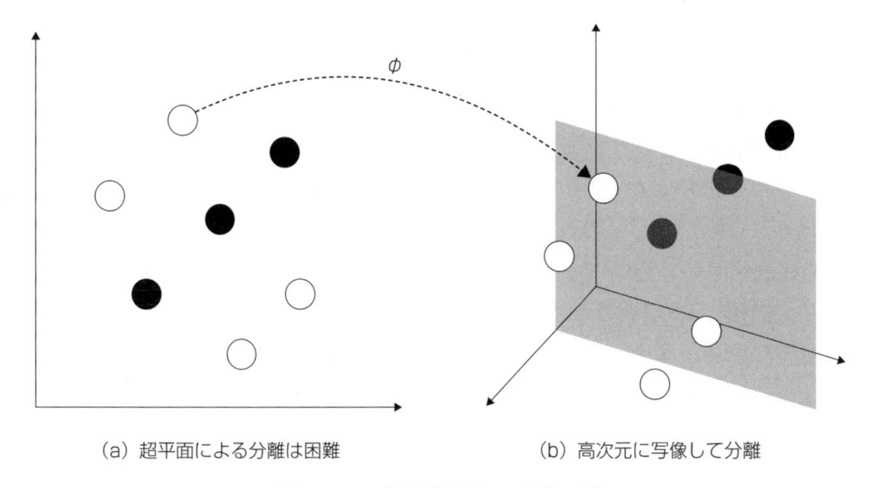

図 2-14　高次元空間への写像の例

このような場合に，学習データをより高い次元のベクトルに写像することで，超平面による分離の可能性を増やすことができます．SVM の学習や適用に必要なのはデータ間の内積ですので，2 つのデータ x, x' の非線形写像 ϕ による像の間の内積 $\phi(x)\cdot\phi(x')$ を考えて，これを $K(x, x')$ と書きます．

$$K(x, x')=\phi(x)\cdot\phi(x')$$

この関数 K を**カーネル関数**と呼びます．ϕ の計算を直接行わないでカーネル関数 $K(x, x')$ の値を x と x' から求めることができれば，計算量を大きく増やすことなく非線形の分類を実現できることになります．このようなカーネル関数の例として，**多項式カーネル** $K(x, x')=(\gamma^{xx'}+q)^d$ や **RBF カーネル** $K(x, x')=e^{-\gamma|x-x'|^2}$ などがあります．

カーネル関数を利用する場合，SVM の学習や適用における内積の計算 $x\cdot x'$ を $K(x, x')$に置き換えます．したがって識別関数 $f(x)$の計算は次のように行うことになります．

$$f(x)=\sum_k \alpha^{(k)}y^{(k)}K(x^{(k)}, x)-b$$

演習 2.2　サポートベクトルマシンの利用

ここでは SVM のアルゴリズムを 1 から実装する代わりに，フリーで公開されている **LIBSVM** というライブラリを利用します．LIBSVM は国立台湾大学で開発された SVM のプログラムで，学習や適用（分類）をコマンドとして実行できるほか，C++ と Java のライブラリが提供されています．学習は逐次最適化（SMO）法を用いて行い，カーネルとしては線形カーネル（非線形写像を用いない通常の内積），多項式カーネル，RBF カーネルおよびシグモイドカーネルが用意されています．また，1-against-1 法による多値分類の実装も組み込まれており，二値分類と同じ感覚で多値分類を実行することができます．

LIBSVM の機能を Java プログラムで利用するための準備として，まず公式サイト[†8]から最新版のファイルをダウンロードします．これを展開して得られるフォルダ内にある libsvm.jar というファイルを，Java プログラムをコンパイルおよび実行する際にクラスパスに追加するようにすれば，LIBSVM の機能が使えるようになります．

具体的には，Linux でカレントディレクトリに libsvm.jar がある場合は

```
javac -cp .:libsvm.jar クラス名.java
java -cp .:libsvm.jar クラス名
```

のように実行します．Eclipse などの IDE を使う場合は通常，プロジェクトのプロパティでクラスパスを設定することができます．

SVM を利用して分類を行う Java プログラムを作るにあたり，学習データのデータ構造は前節に掲載した LabeledVector クラスと LearningDataSet クラスをそのまま使うことにします．学習は LIBSVM ライブラリで用意された学習メソッド（svm クラスの svm_train メソッド）を呼び出せばよいのですが，注意点が 2 つあります．まず，本書の LabeledVector クラスで表現された学習データを LIBSVM ライブラリにおける svm_node クラスと svm_problem クラスからなるデータ構造に変換する必要があります．次に，svm_parameter クラスを使って，SVM の学習に関するさまざまなパラメータの値を設定します．これら

[†8] https://www.csie.ntu.edu.tw/~cjlin/libsvm/

のパラメータのなかで，とくに重要なものを次の**表2-4**に挙げます．

表2-4 LIBSVMの主なパラメータ

パラメータ名	意 味	値
svm_type	SVMの種類	通常の分類はC_SVC
C	制約を緩めた分類に用いるパラメータ	正の実数
kernel_type	カーネルの種類	LINEAR（線形カーネル） POLY（多項式カーネル） RBF（RBFカーネル） SIGMOID（シグモイドカーネル）
gamma	POLY, RBF, SIGMOIDで有効なパラメータ	実 数
degree	POLYにおける多項式の次数	正の整数
coef0	POLY, SIGMOIDにおける係数	実 数

制約を緩めた分類に用いる C と，各カーネルのパラメータである gamma, degree, coef0 はハイパーパラメータであり，2.2.2 項で述べたように開発データを用いたグリッドサーチを自分で行うことにより，最適な値の組合せを求めることができます．具体的には，まずカーネルの種類（kernel_type）と C の値の組合せを何パターンか大ざっぱに試して，その結果，分類精度が高くなりそうな値の組合せの周辺をさらに詳しく値を刻んで試していくとよいでしょう．あわせて，カーネルの種類に応じたパラメータ（RBF カーネルの gamma や多項式カーネルの gamma, degree など）も調整していきます．

次に，この演習のプログラムのクラス構成図（**図2-15**）とソースコードを示します．プログラム内のハイパーパラメータの値を設定している箇所は，用途に応じて適当に調整してみてください．

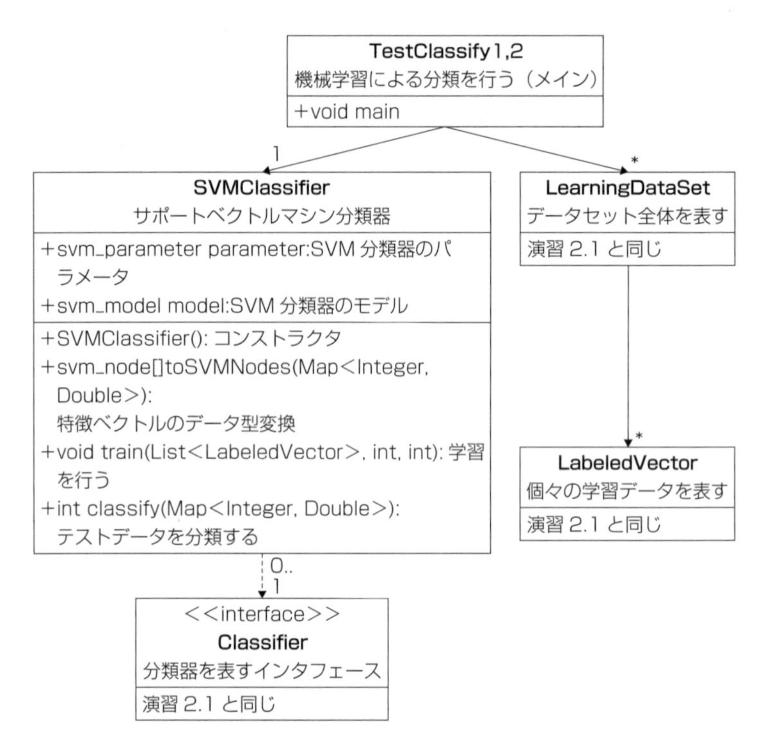

図 2-15　SVM を利用するプログラムのクラス構成図

リスト 2-7　SVMClassifier.java

```
package chapter2;

import java.util.ArrayList;
import java.util.Collections;
import java.util.List;
import java.util.Map;

import libsvm.svm;
import libsvm.svm_model;
import libsvm.svm_node;
import libsvm.svm_parameter;
```

```
import libsvm.svm_problem;

/** サポートベクトルマシン分類器 */

public class SVMClassifier implements Classifier {
 /** SVM分類器のパラメータ */
 public svm_parameter parameter;
 /** SVM分類器のモデル */
 public svm_model model;

 /** コンストラクタ：分類器パラメータの初期化を行う */
 public SVMClassifier() {
  parameter = new svm_parameter();

  // 各パラメータの値を適当に設定する
  // 値を調整する場合は，まずCやkernel_typeを変えてみるとよい
  parameter.svm_type = svm_parameter.C_SVC; // SVMの種類
  parameter.C = 1.0; // 制約を緩めた分類に用いるパラメータ
  parameter.kernel_type = svm_parameter.LINEAR; // カーネルの種類
  parameter.gamma = 0; // POLY, RBF, SIGMOIDで有効
  parameter.degree = 2; // POLYにおける多項式の次数
  parameter.coef0 = 0; // POLY, SIGMOIDにおける係数
  parameter.cache_size = 100; // キャッシュサイズ
  parameter.eps = 1e-3; // 最適化計算の停止条件
 }

 /** 学習データセットを使って学習を行う */
 public void train(List<LabeledVector> trainingDataSet, int maxLabel,
int maxFeature) {
  // 学習データをLIBSVMのデータ構造へ変換する
  svm_problem prob = new svm_problem();
  prob.l = trainingDataSet.size();
  prob.x = new svm_node[prob.l][];
```

```
    prob.y = new double[prob.l];

    for (int i = 0; i < trainingDataSet.size(); i ++) {
      prob.x[i] = toSVMNodes(trainingDataSet.get(i).featureVector);
      prob.y[i] = (double)trainingDataSet.get(i).label;
    }

    // 学習実行
    model = svm.svm_train(prob, parameter);
  }

  /** 特徴ベクトルのデータ型変換 */
  public svm_node[] toSVMNodes(Map<Integer, Double> featureVector) {
    List<Integer> indexList = new ArrayList<Integer>(featureVector.
keySet());
    Collections.sort(indexList); // index を小さい順に並べる
    svm_node[] nodes = new svm_node[indexList.size()];
    for (int i = 0; i < indexList.size(); i ++) {
      nodes[i] = new svm_node();
      nodes[i].index = indexList.get(i);
      nodes[i].value = featureVector.get(indexList.get(i));
    }
    return nodes;
  }

  /** テストデータを分類する */
  public int classify(Map<Integer, Double> featureVector) {
    svm_node[] nodes = toSVMNodes(featureVector);
    double x = svm.svm_predict(model, nodes);
    return (int)x;
  }
}
```

SVMによる分類をテストするプログラムは，前節のナイーブベイズ分類器のテストに用いたTestClassify1.javaとTestClassify2.javaをそのまま使うことができます．分類器を表す変数classifierを初期化する行のみ，NaiveBayesClassifierのコンストラクタを呼び出している行をコメントアウトして，代わりにSVMClassifierのコンストラクタを呼び出す行のコメントを外してください．SVMによる分類の実行結果はどうなるでしょうか．確認してみてください．

2.5　ニューラルネットワーク

2.5.1　概要

ニューラルネットワーク（neural network）は，人間の脳で行われている情報処理をモデルにした，非線形性をもつ教師あり学習のモデルです．人間の脳にはおよそ1 000億個の**ニューロン**（神経細胞）があり，情報処理を行っています．ニューロンは，ほかのニューロンから信号を受け取り，その入力内容に応じて内部状態を変え，軸索を通じてこれをほかのニューロンに伝達します．ニューロンどうしの接点であるシナプスは情報のやり取りの過程で随時，結合を強めたり弱めたりします．この仕組みにより学習が行われます．（人工）ニューラルネットワークは，ニューロンのモデル化であるユニットをノードとするネットワークであり，ユニット間の結合の強さ（重み）を変えていくことで学習を実現します．

目的に応じてさまざまな構造のニューラルネットワークが用いられますが，ここでは単純な**入力層**，**中間層**（**隠れ層**），**出力層**の3層からなる**階層型ニューラルネットワーク**（**図2-16**）を考えることにしましょう．

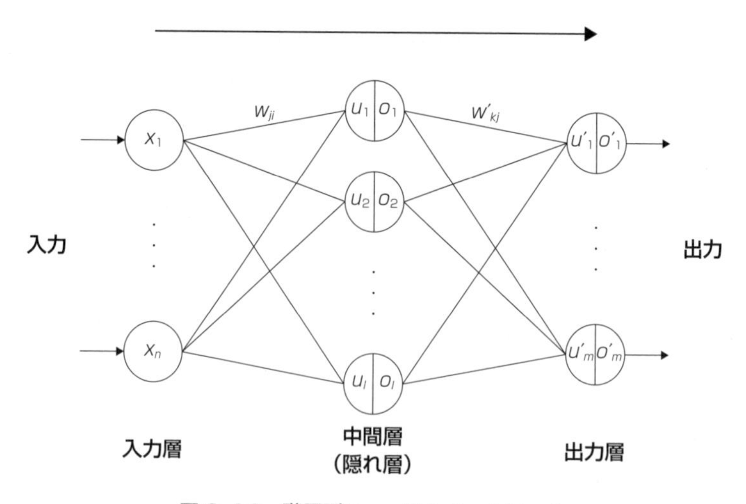

図 2-16　階層型ニューラルネットワーク

この形のニューラルネットワークは，実数ベクトル $(x_1, x_2, ..., x_n)$ が入力されると実数ベクトル $(o'_1, o'_2, ..., o'_m)$ を出力する，一種の関数を表しているとみなすことができます．入力層の各ユニットに入力された実数 x_iは，接続されている辺を通って中間層の各ユニットに伝達されます．中間層のユニットでは，入力層の各ユニットから来た値が合算され，新しい値が決まります．この際，辺ごとに与えられる結合の重みを考慮に入れて計算が行われます．いま，入力層の i 番目のユニットと中間層の j 番目のユニットの結合の重みを w_{ji} とすると，中間層の j 番目のユニットへの入力の合算値 u_j は

$$u_j = \sum_{i=1}^{n} w_{ji} x_i + b_j \quad (1 \leqq j \leqq l)$$

と表されます．ここで b_j は**バイアス項**と呼ばれる定数です．中間層のユニットでは，この入力の合算値に対して**活性化関数**と呼ばれる非線形関数 f を適用し，その結果 $o_j = f(u_j)$ を出力層へ向けて出力します．活性化関数としては通常**シグモイド関数**

$$f(x) = \frac{1}{1+e^{-x}}$$

が用いられます．シグモイド関数は，入力値を0より大きく1より小さい実数に滑らかに写像します（**図2-17**）．

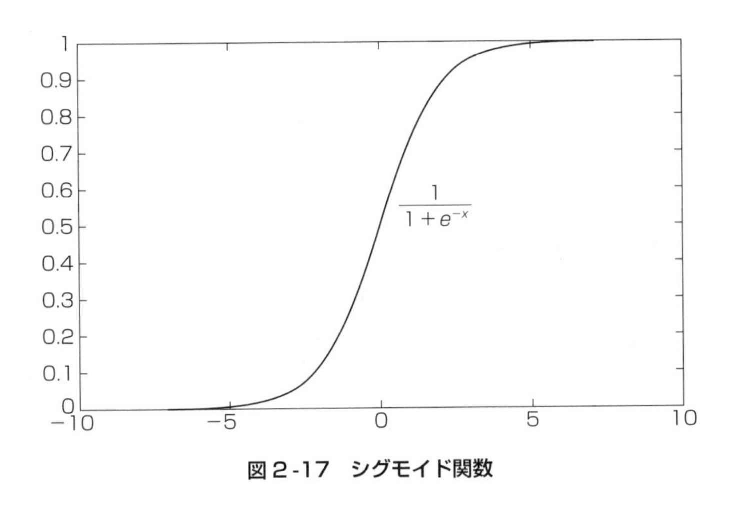

図2-17　シグモイド関数

次に，中間層から出力層への伝達が同様に行われます．中間層の j 番目のユニットと出力層の k 番目のユニットの結合の重みを w'_{kj} とすると，出力層の k 番目のユニットへの入力の合算値 u'_k と出力 o'_k はそれぞれ次の式で表されます．

$$u'_k=\sum_{j=1}^{l} w'_{kj}o_j+b'_k \quad (1\leqq k\leqq m)$$

$$o'_k=f(u'_k) \quad (1\leqq k\leqq m)$$

なお，バイアス項 b_j は新たに1個の入力層ユニット x_0 を追加し，x_0 には常に1が入力されると仮定することで，上記の式から消去して式を簡単化することができます．すなわち

$$u_j=\sum_{i=1}^{n} w_{ji}x_i+b_j=\sum_{i=0}^{n} w_{ji}x_i \qquad (w_{j0}=b_j,\ x_0=1\text{とする})$$

となります．出力層への入力の合算値を求める際のバイアス項 b'_k も同様に消去できますので，今後はバイアス項がない形の式を扱うことにします．

階層型ニューラルネットワークは一般のベクトル値関数の学習に使えますが，分類タスクに応用する場合は次のようにします．まず，特徴量の種類と同じ数の入力層ユニットと，適当な数の中間層ユニットと，正解ラベルの種類と同じ数の出力層ユニットをもつネットワークを構築します．そしてこのネットワークの入力層から特徴ベクトルを入力し，出力層の各ユニットの出力を求めて，このなかで最大の値を出力したユニットに対応するラベル（クラス）に分類されたと考えます．

2.5.2　誤差逆伝播学習

階層型ニューラルネットワークの学習は，学習データを１つずつ入力層から入力し，出力層の出力を正解データと比較して，その誤差が小さくなるように辺の結合の重みを調整する，ということを繰り返して行います．具体的には，出力の誤差 E を結合重み w の関数と考えて，その勾配（数学的にいうと偏微分 $\partial E / \partial w$）の方向へ w を少し動かします．

$$w \leftarrow w - \eta \frac{\partial E}{\partial w}$$

このような学習方法は，一般に**確率的勾配降下法**と呼ばれます．η は**学習率**と呼ばれる定数で，重みの値を１回にどのくらい変化させるかの程度を表します．学習率が小さいと適切な重みの値に収束するまでの繰り返し回数が増え，学習率が大きいと重みの値の変化が激しくなり収束しづらくなる傾向があるため，ちょうどよい学習率の値を試行錯誤によって見つける必要があります．

階層型ニューラルネットワークにおける辺の結合重みの調整は，まず出力に直接影響を与える出力層における結合の重み w'_{kj} をそれぞれ上記の方法で調整し，次に，出力に間接的な影響を与える中間層における値 o_j を変化させるために入力層と中間層の間の結合の重み w_{ji} を調整します．このように出力層における誤差を中間層へ伝播させて学習を行う手法を**誤差逆伝播法**といいます．これを全学習データに対して繰り返し行います．

以下の説明では，入力した特徴ベクトル x_i に対応する正解データが y_k というベクトルだとします．とくに分類タスクの場合，正解ラベルが k 番目の種類のラベルであるならば，正解データは第 k 成分が１でほかが０であるような

(0, ..., 0, 1, 0, ..., 0) という形のベクトルであると考えます．

確率的勾配降下法による出力層における結合重み w'_{kj} の更新式を，途中の導出過程を省いて結果だけ示すと次のようになります．

$$w'_{kj} = w'_{kj} - \eta\delta'_k o_j$$

$$\delta'_k = (o'_k - y_k)(1 - o'_k)o'_k$$

ここで $o'_k - y_k$ が出力値と正解データの差を表します．これにシグモイド関数の適用に関する調整として $(1 - o'_k)o'_k$ を掛けて，さらに中間層と出力層をつなぐ辺ごとにその辺を伝わった値の大きさ o_j と学習率 η を掛けた値を，辺の結合重みの調整量としています．

また，中間層における結合重み w_{ji} の更新式は次のようになります．

$$w_{ji} = w_{ji} - \eta\delta_j x_i$$

$$\delta_j = \left(\sum_{k=1}^{m} w'_{kj}\delta'_k\right)(1 - o_j)o_j$$

δ_j の算出に用いる $\sum$ の式は，j 番目の中間層ユニットからの出力 o_j が出力層における誤差に与えた影響の総量を表しています．これに対して，やはりシグモイド関数の調整値と，入力層と中間層をつなぐ辺ごとにその辺を伝わった値の大きさ x_i と学習率 η を掛けた値を辺の結合重みの調整量としています．

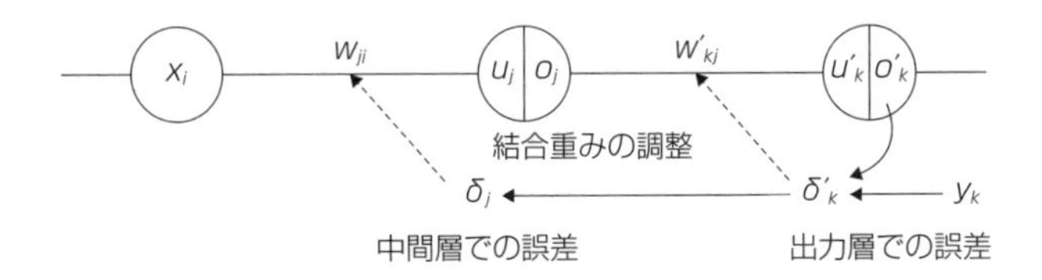

図 2-18 誤差逆伝播学習

2.5.3 使用手順

学習

(1) 辺の結合重み w_{ji}，w'_{kj} をすべて乱数によって初期化します．

(2)　各学習データに対して以下の①～④の処理を順番に実行します．

① 特徴ベクトル x_i を入力層に入力し，辺の結合重み w_{ji} を用いて中間層ユニットの出力 o_j をそれぞれ求めます．

② o_j と辺の結合重み w'_{kj} を用いて出力層ユニットの出力 o'_k を求めます．

③ o'_k を正解データ y_k と比較し，その差から誤差の大きさを表す量 δ'_k を求めて，重み w'_{kj} の値を更新します．

④ さらに中間層における誤差の大きさを表す量 δ_j を求めて，重み w_{ji} の値を更新します．

(3)　出力層の出力と正解データの差が一定値以下になるか，または事前に決めた繰り返し回数を超えたら学習を終了します．そうでなければ(2)に戻ります．

適用

与えられた特徴ベクトル x_i を入力層に入力し，辺の結合重み w_{ji} を利用して中間層ユニットの出力 o_j をそれぞれ求めます．続いて，o_j と辺の結合重み w'_{kj} を用いて出力層ユニットの出力 o'_k を求めます．最後に，出力層のなかで最大の値を出力したユニットに対応するラベル（クラス）を分類結果として出力します．

演習 2.3　ニューラルネットワークによる分類

ニューラルネットワークによる分類器のプログラムは，ナイーブベイズ分類器や SVM のプログラムと同様に Classifier インタフェースを実装する形で作成し，学習データのデータ構造もこれまでと同じです．使用するクラスの全体構成を**図 2-19** に示します．

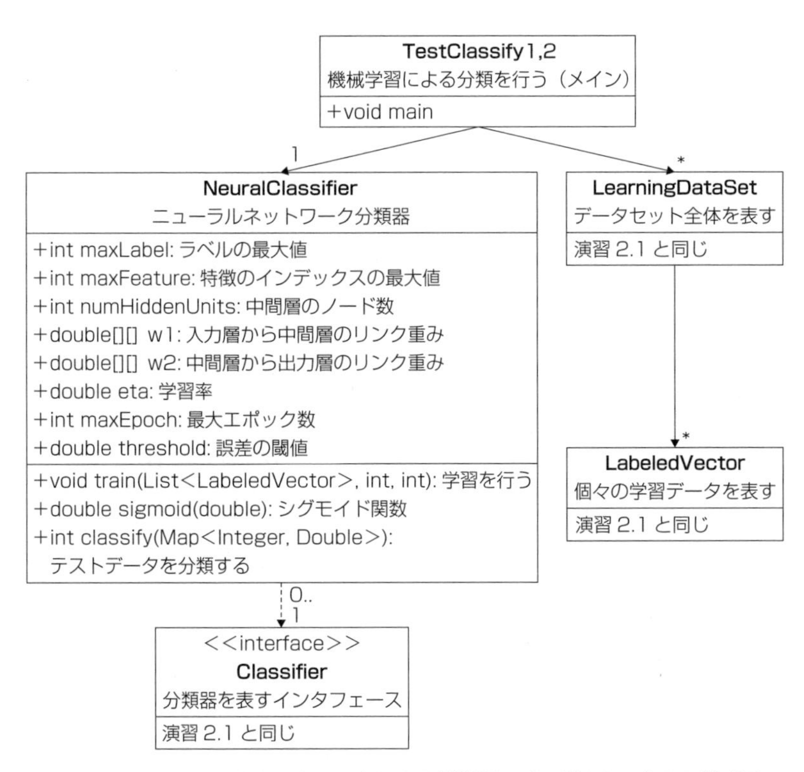

図 2-19　ニューラルネットワークによる分類器のプログラムのクラス構成図

ニューラルネットワークによる分類器のプログラムを以下に示します．学習を行う train メソッドと分類を行う classify メソッドは，2.5.3 項で説明した処理手順にしたがって計算を行います．

リスト 2-8　NeuralClassifier.java

```
package chapter2;

import java.util.List;
import java.util.Map;
import java.util.Map.Entry;
import java.util.Random;
```

```
/** ニューラルネットワーク分類器 */

public class NeuralClassifier implements Classifier {
  /** ラベルの最大値 */
  public int maxLabel;
  /** 特徴のインデックスの最大値 */
  public int maxFeature;
  /** 中間層のノード数 */
  public int numHiddenUnits = 5;
  /** 入力層→中間層のリンク重み */
  public double[][] w1;
  /** 中間層→出力層のリンク重み */
  public double[][] w2;
  /** 学習率 */
  public double eta = 0.1;
  /** 最大エポック数 */
  public int maxEpoch = 300;
  /** 誤差の閾値 */
  public double threshold = 0.01;

  /** 学習データセットを使って学習を行う */
  public void train(List<LabeledVector> trainingDataSet, int maxLabel,
int maxFeature) {
    this.maxLabel = maxLabel;
    this.maxFeature = maxFeature;
    Random random = new Random();

    // 辺の結合重みを乱数で初期化する
    w1 = new double[numHiddenUnits + 1][maxFeature + 1];
    for (int i = 1; i <= numHiddenUnits; i++) {
      for (int j = 0; j <= maxFeature; j++) {
        w1[i][j] = random.nextDouble() - 0.5;
```

```
      }
    }
    w2 = new double[maxLabel + 1][numHiddenUnits + 1];
    for (int i = 1; i <= maxLabel; i ++) {
      for (int j = 0; j <= numHiddenUnits; j ++) {
        w2[i][j] = random.nextDouble() - 0.5;
      }
    }

    // 入力層ユニット
    double[] inputUnits = new double[maxFeature + 1];
    // 中間層ユニット
    double[] hiddenUnits = new double[numHiddenUnits + 1];
    // 出力層ユニット
    double[] outputUnits = new double[maxLabel + 1];

    // 各出力層ユニットが出力すべき値
    double[] answer = new double[maxLabel + 1];
    // 中間層における誤差の大きさを表す量
    double[] delta1 = new double[numHiddenUnits + 1];
    // 出力層における誤差の大きさを表す量
    double[] delta2 = new double[maxLabel + 1];

    // 学習データ全体にわたる学習を maxEpoch 回繰り返す
    for (int epoch = 1; epoch <= maxEpoch; epoch ++) {
      double err = 0.0; // 平均二乗誤差
      for (LabeledVector lv : trainingDataSet) {
        // 入力層ユニットへの入力値を設定
        for (Entry<Integer, Double> entry : lv.featureVector.entrySet())
{
          inputUnits[entry.getKey()] = entry.getValue();
        }
        inputUnits[0] = 1.0; // バイアス項に相当
```

```
    // 入力層から中間層へ
    for (int i = 1; i <= numHiddenUnits; i ++) {
     double u = 0.0;
     for (int j = 0; j <= maxFeature; j ++) {
      u += w1[i][j] * inputUnits[j];
     }
     hiddenUnits[i] = sigmoid(u);
    }
    hiddenUnits[0] = 1.0; // バイアス項に相当

    // 中間層から出力層へ
    for (int i = 1; i <= maxLabel; i ++) {
     double u = 0.0;
     for (int j = 0; j <= numHiddenUnits; j ++) {
      u += w2[i][j] * hiddenUnits[j];
     }
     outputUnits[i] = sigmoid(u);
    }

    // 誤差逆伝播学習
    for (int i = 1; i <= maxLabel; i ++) {
     answer[i] = (i == lv.label) ? 1.0 : 0.0;
    }
    for (int i = 1; i <= maxLabel; i ++) {
     delta2[i] = (outputUnits[i] - answer[i]) * (1.0 - outputUnits[i])
* outputUnits[i];
     err += (outputUnits [i] - answer [i]) * (outputUnits [i] - answer
[i]);
    }
    for (int i = 1; i < numHiddenUnits; i ++) {
     delta1[i] = 0.0;
     for (int j = 1; j <= maxLabel; j ++) {
```

```
        delta1[i] += w2[j][i] * delta2[j];
      }
      delta1[i] *= ((1 - hiddenUnits[i]) * hiddenUnits[i]);
    }

    for (int i = 1; i <= maxLabel; i ++) {
      for (int j = 0; j <= numHiddenUnits; j ++) {
        w2[i][j] -= eta * delta2[i] * hiddenUnits[j];
      }
    }
    for (int i = 1; i <= numHiddenUnits; i ++) {
      for (int j = 0; j <= maxFeature; j ++) {
        w1[i][j] -= eta * delta1[i] * inputUnits[j];
      }
    }
  }
  err /= 2.0;
  err /= trainingDataSet.size();
  System.out.println("epoch=" + epoch + "\terr=" + err);
  if (err < threshold) {
    break;
  }
 }
 // 終了処理
 System.out.println("training done");
}

/** シグモイド関数 */
public double sigmoid(double x) {
 return 1.0 / (1.0 + Math.exp(-x));
}

/** テストデータを分類する */
```

```
public int classify(Map<Integer, Double> featureVector) {
  // 入力層ユニット
  double[] inputUnits = new double[maxFeature + 1];
  // 中間層ユニット
  double[] hiddenUnits = new double[numHiddenUnits + 1];
  // 出力層ユニット
  double[] outputUnits = new double[maxLabel + 1];

  // 入力層ユニットへの入力値を設定
  for (Entry<Integer, Double> entry : featureVector.entrySet()) {
    inputUnits[entry.getKey()] = entry.getValue();
  }
  inputUnits[0] = 1.0; // バイアス項に相当

  // 入力層から中間層へ
  for (int i = 1; i <= numHiddenUnits; i++) {
    double u = 0.0;
    for (int j = 0; j <= maxFeature; j++) {
      u += w1[i][j] * inputUnits[j];
    }
    hiddenUnits[i] = sigmoid(u);
  }
  hiddenUnits[0] = 1.0; // バイアス項に相当

  // 中間層から出力層へ
  for (int i = 1; i <= maxLabel; i++) {
    double u = 0.0;
    for (int j = 0; j <= numHiddenUnits; j++) {
      u += w2[i][j] * hiddenUnits[j];
    }
    outputUnits[i] = sigmoid(u);
  }
```

```
    double maxProb = 0.0;
    int maxProbLabel = 0;

    for (int i = 1; i <= maxLabel; i ++) {
     if (outputUnits[i] > maxProb) {
      maxProb = outputUnits[i];
      maxProbLabel = i;
     }
    }
    return maxProbLabel; // 出力値が最大のラベルを返す
  }
}
```

ニューラルネットワークによる分類のテストも，演習 2.1 の TestClassify1.java と TestClassify2.java を利用して行うことができます．実際に試してみましょう．ニュートラルネットワークの場合，最初に乱数で与える結合重みの初期値によっては局所的に最適な値に陥ることがあり，実行するたびに結果が大きく変わります．

演習問題

問 2.1

自分で独自の分類器用学習データを作成し，ナイーブベイズ分類器，SVM，ニューラルネットワークを用いて正しく分類できるか試してみましょう．学習データは 2.3 節の演習で説明したファイル形式で作成してください．本書の Web ページ上にあるデータは正解ラベルが 2 種類のみの二値分類だったので，3 種類以上のクラスに分類するデータを作ってみると面白いでしょう．機械学習を実用として使う場合は十分な量の学習データを用意することが重要となりますが，今回は練習ですのでできる範囲の分量で構いません．まず対象領域とラベルの種類（つまりなにをどんな種類に分類するか）を決めて，続いて特徴量ベクトルを設計しましょう．

問 2.2

本書の Web ページ上の学習データおよび問 2.1 で作成した学習データを使って，それぞれの分類器におけるハイパーパラメータを変化させたときに分類精度がどのくらい変わるか調べてみましょう．ナイーブベイズ分類器におけるスムージングのパラメータ α，SVM における制約を緩めた分類に用いる C，およびカーネルの種類と，それに関連するパラメータ，ニューラルネットワークにおける中間層のノード数や学習率の値をいろいろ変えて分類精度を求め，それらを比較してください．

問 2.3

機械学習の結果をより詳しく分析して精度向上の方策を検討する場合，特徴ベクトルのそれぞれの成分が結果にどのような影響を与えたか分析することが有効です．ナイーブベイズ分類器の場合，ある特徴量 x_i が分類に与える影響は各ラベル c に対する条件付き確率 $P(x_i \mid c)$ によって決まります．ナイーブベイズ分類器のプログラムを改良して，学習終了時に各 $p(x_i, c)$ の値を出力するようにし，どんな特徴量がどんな影響をもつか，実際の学習データを使って検証してください．

さらに，SVM における各特徴量 x_i の重み w_i の値を求める方法や，ニューラルネットワークの場合はどうなるかについて，考えてみましょう．

3章
自然言語テキストの解析

自然言語の解析処理は，テキストに含まれる単語や文節を抽出したり，文節と文節の関係といった文の構造を明らかにすることから始まります．解析結果は，文の意味を理解したり，文脈を推測したりする手助けとなります．

本章では，まず自然言語処理の流れと，各処理の概要について説明します．次に，テキストに含まれる単語を抽出する形態素解析と，解析を実現するためのアルゴリズムについて詳しく説明します．演習として，形態素解析と係り受け解析のソフトウェアをインストールし，Java から利用する方法を紹介します．

3.1 解析処理の概要

自然言語の解析処理は一般的に**図 3-1** のように**形態素解析**，**構文解析**，**意味解析**，**文脈解析**の順に行われます．入力文を形態素解析により形態素（単語）に分割し，品詞などの情報を付与します．次に，構文解析により文の構文構造を求めます．得られた構文構造を基に，意味解析により各単語の意味や単語間の意味的関係を明らかにします．形態素解析から意味解析までの処理を 1 文ごとに行ってから，文脈解析により複数の文の関係を推測します．

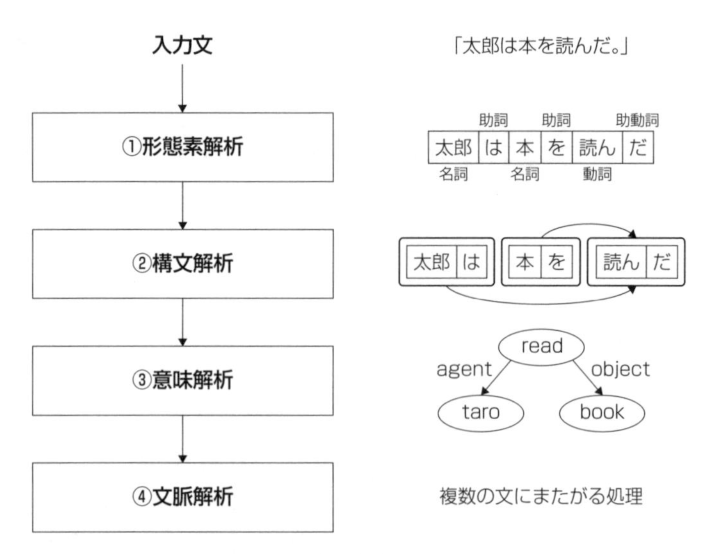

図3-1　文の解析処理の流れ

3.1.1　形態素解析

形態素解析では，与えられた文や文章を自動的に分析して，文を構成する**形態素**を抽出します.「形態素解析で単語を抽出する」という表現をよくみかけますが，1.2.1項でも述べたように，厳密にいうと形態素と単語には違いがあります.形態素は「意味的にこれ以上分割することのできない単位」であり，**単語**には複合名詞のような複数の形態素から構成されるものも含みます．以降は形態素という言葉の代わりに単語という言葉を使うことにします.

単語を抽出したら，次に品詞情報，活用形，原形，読みなどの情報を付与します．形態素解析は比較的解析精度が高く，処理時間も短くて済みます．情報検索やテキストマイニングなど，このレベルの浅い解析のみで十分な応用も多くあります.

形態素解析では，入力文に対して以下の3つの処理を行います.

(1)　単語列への分割
(2)　単語への品詞付与
(3)　単語の原形復元

処理には，**単語辞書**と呼ばれる，単語ごとの情報を記述して集めたものが使われます．単語辞書には，表層形，原形，読み，品詞，活用型，活用形などの情報が格納されています．

実用的な形態素解析ツールとしては，MeCab，ChaSen，JUMAN，Yahoo! 日本語形態素解析API などがあります．本書では MeCab を例として取り上げます．**MeCab** は，京都大学と日本電信電話株式会社コミュニケーション科学基礎研究所の共同研究ユニットプロジェクトを通じて開発されたオープンソースの形態素解析エンジンです．ソースファイルが公開されており，また複数のプログラム言語から MeCab を呼び出すためのライブラリも準備されているため，さまざまな環境で使用することができます．解の選択方法には接続コスト最小法を，解の探索にはビタビアルゴリズムを用いています．辞書やコーパスに依存しない汎用の設計になっており，異なる品詞体系をもつ複数の辞書に対応しています．ユーザが用意した独自のコーパスからコスト推定を行うことも可能になっています．MeCab により「私は学校へ行きます」という文を分析すると，**表 3-1** のような情報が得られます．

表 3-1 形態素解析の結果例

表層形	原 型	読 み	品 詞	活用型	活用形
私	私	ワタシ	名詞 - 代名詞 - 一般	—	—
は	は	ハ	助詞 - 係助詞	—	—
学校	学校	ガッコウ	名詞 - 一般	—	—
へ	へ	へ	助詞 - 格助詞 - 一般	—	—
行き	行く	イキ	動詞 - 自立	五段・カ行促音便	連用形
ます	ます	マス	助動詞	特殊・マス	基本形

3.1.2 構文解析

構文解析では，形態素解析で得られた単語から文の**構文構造**を求めます．構文構造には，**句構造**と**係り受け構造**があります．

句構造とは，文中の隣り合う単語を**生成規則**（**句構造規則**，**書き換え規則**とも呼ぶ）に基づいて句としてまとめた木構造のことです．句構造を求める方法を**句**

構造解析といい，得られる木構造を**句構造木**（**構文木**）といいます．エイヴラム・ノーム・チョムスキー（Avram Noam Chomsky）により提唱された**句構造文法**（phase structure grammar）では，文の構造に関する一般的規則である生成規則の集合により，言語の構文パターンを記述します．生成規則は以下のように記述されます．

$$A_1\,A_2\,...\,A_n \rightarrow B_1\,B_2\,...\,B_m$$

句構造文法には，上記の生成規則において，$n=1$ に限定した**文脈自由文法**があります．ほかに，**正規文法**（正規表現），**文脈依存文法**，**0 型文法**があり，**図 3-2** のような階層構造をもっています．円の外側に向かっていくにつれて記述能力が上がりますが，そのぶん構文解析の計算量が多くなるという問題があります．文脈自由文法は「繰り返し」と「入れ子（埋め込み)」の構造を十分に表現でき，なおかつ，効率の良いアルゴリズムがあるため，自然言語でも人工言語（プログラム言語など）でも通常は文脈自由文法によって文法が記述されます．

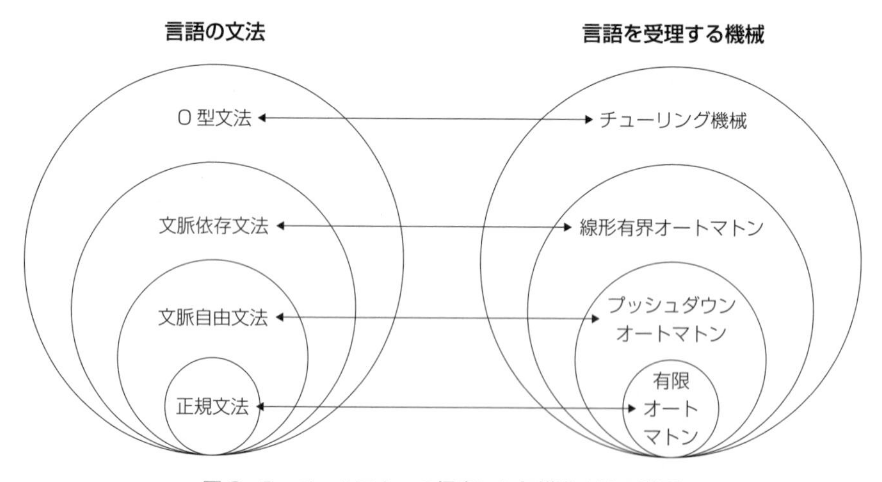

図 3-2　チョムスキーの提案した句構造文法の階層

表 3-2 は，文脈自由文法により記述した生成規則の例です．**後置詞**とは助詞のことを表します．この生成規則に基づいて，例文「僕は昨日図書館で借りた分厚い本を読んだ。」の句構造木を記述した例が**図 3-3** です．たとえば，図 3-3(a)

では生成規則 1 により文を後置詞句と動詞句に変換し，このうち動詞句を生成規則 7 により後置詞句と動詞句に変換しています．ここで，生成規則 1 の後に生成規則 8 を用いることで，同じ文から図 3-3(b)のように異なる句構造木を構築することができます．図 3-3(a)の場合は本を借りたのが昨日であり，図 3-3(b)の場合は本を読んだのが昨日であると解釈できます．この例のように，1 文に複数の句構造木が存在するということが，自然言語の曖昧性を生み出しています．

表 3-2 生成規則の例

1	文 → 後置詞句　動詞句	9	名詞 → 僕 ｜ 本 ｜ 図書館
2	後置詞句 → 名詞句　助詞	10	動詞 → 読む ｜ 借りる
3	名詞句 → 名詞	11	形容詞 → 分厚い
4	名詞句 → 形容詞　名詞句	12	副詞 → 昨日(*)
5	名詞句 → 動詞句　名詞句	13	助詞 → は ｜ を ｜ で
6	動詞句 → 動詞　助動詞	14	助動詞 → た ｜ だ
7	動詞句 → 後置詞句　動詞句	(*)「昨日」は本来名詞ですが，副詞的に使うことができるので，ここでは便宜上副詞に分類します．	
8	動詞句 → 副詞　動詞句		

文脈自由文法に基づいた構文解析には，終端記号から始まり句構造木を下から上に作る**ボトムアップ解析**と，文法の開始記号から句構造木を下に作る**トップダウン解析**があります．有名な手法として，ボトムアップ解析には CYK 法，トップダウン解析には Early 法などがあり，いずれも長さ n の入力文に対して計算量 $O(n^3)$ で解析できます．

句構造が言語表現を「全体 - 部分」の関係に基づいて構造化するのに対して，**係り受け構造**は言語表現の部分間の依存関係に基づいて構造化します．係り受け構造を求める方法を**係り受け解析**と呼びます．日本語の場合は，文節を単位として係り受け関係を考えるのが一般的で，文中の各文節は，自分より右側にある 1 つの文節に係ります．このとき，係っている文節を係り側，係られている文節を受け側と呼びます．

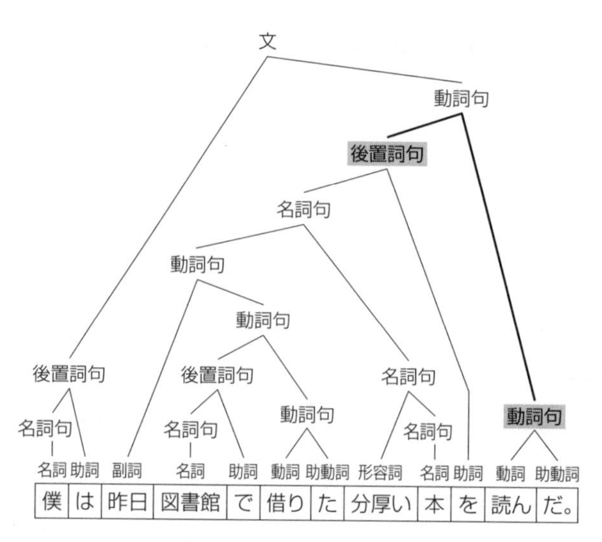

(a) 生成規則 1 の後に生成規則 7 を用いた例

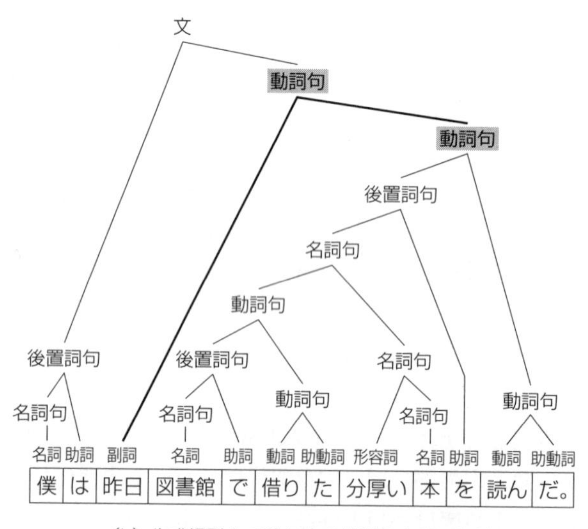

(b) 生成規則 1 の後に生成規則 8 を用いた例

図 3-3　句構造解析により得られた句構造木の例

図 3-4 は係り受け解析により得られた係り受け構造の例です．図 3-4(a)に

おいては，右端の文節「読んだ」に着目すると，「僕は」と「本を」が係っていることから，これらの文節がこの文において中心的な役割を担っていることがわかります．句構造では適用する生成規則の違いにより異なる句構造木が得られる場合がありましたが，係り受け構造も同様に，1つの文に複数の構造を考えることができる場合があります．たとえば図 3-4(a)では，「昨日」は「借りた」に係っていますが，図 3-4(b)では「読んだ」に係っています．

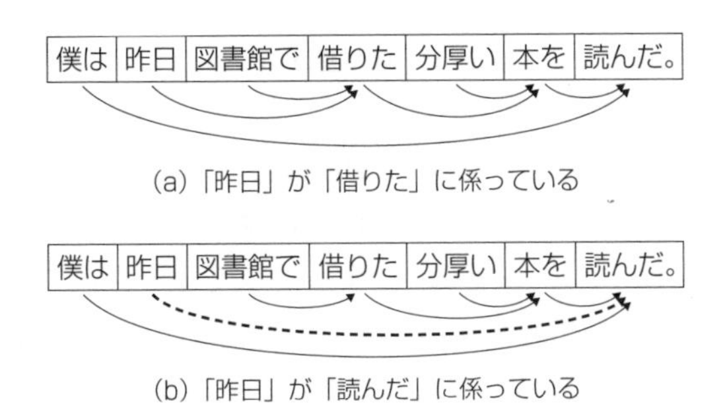

図 3-4　係り受け解析により得られた係り受け構造の例

係り受け解析には，文節の係り受け関係どうしが交差してはならないという**非交差性**の条件があります．**図 3-5** に例を示します．「昨日」が「借りた」に係り，「図書館で」が「読んだ」に係ることは，2つの係り受け関係が交差することから，非交差性の条件に当てはまるため，不可能な解釈となります．

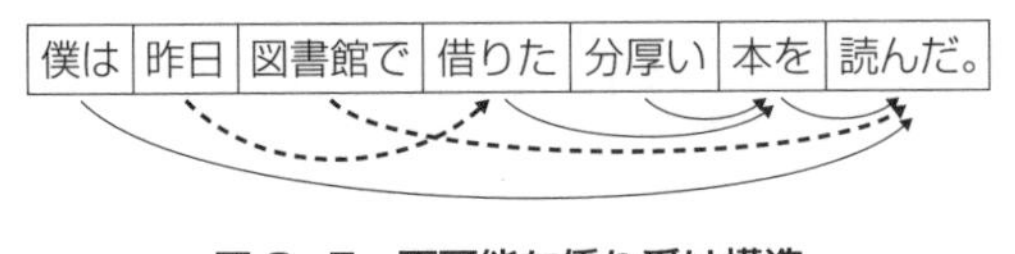

図 3-5　不可能な係り受け構造

係り受け構造は，右端の文節を根とする木であると考えることもできます．これを係り受け木といいます．図 3-4 の 2 つの係り受け構造を係り受け木として記述したのが**図 3-6** です．句構造木は文の語順が変わると木の形が変わりますが，係り受け木では変わりません．日本語は語順の自由度が高いため，日本語の構文構造を表現するには係り受け木のほうが適しているといえます．

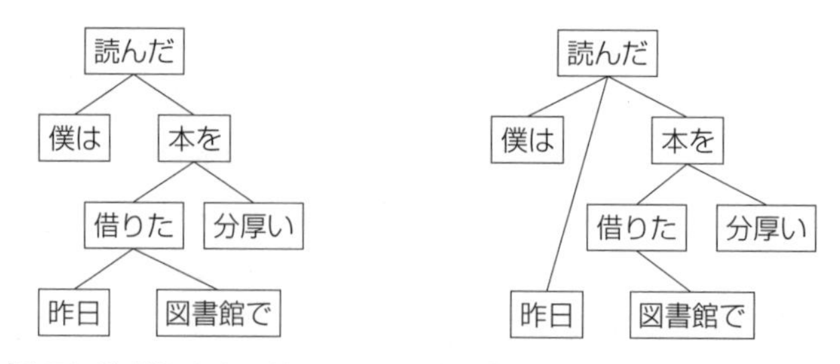

(a)「昨日」が「借りた」に係っている (b)「昨日」が「読んだ」に係っている

図 3-6 係り受け木の例

実用的な係り受け解析器としては，CaboCha，KNP，Yahoo! 日本語係り受け解析 API などがあります．今回は CaboCha を取り上げます．**CaboCha** は SVM に基づいたオープンソースの日本語係り受け解析器です．CaboCha は MeCab を組み込み，MeCab による形態素解析結果を利用して係り受け解析を行うことができます．文を CaboCha で解析すると，文を構成する文節と，文節の係り受け構造を得ることができます．例として「今日はおいしいご飯を食べたい」を CaboCha で解析すると，**図 3-7** のような係り受け構造が得られます．

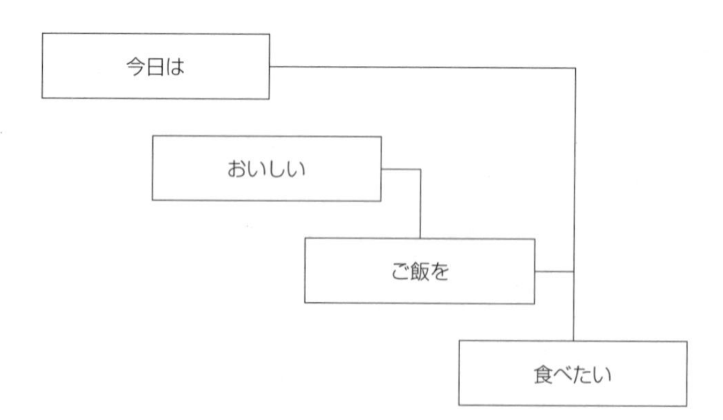

図 3-7 CaboCha による係り受け解析の結果例

3.1.3 意味解析

意味解析は，構文解析で得られた構文構造を基に，各単語の意味や単語間の意味的関係を明らかにします．意味構造の表現形式としてはさまざまな形式が考えられますが，いずれも次の2つの要素を含みます．

1. 文中の各単語が表している意味（概念）
2. 文中の単語間の意味的関係（格関係など）

図3-8左は，「太郎が生協の食堂でカレーを食べる」という文の意味を有向グラフにより表しています．「太郎」と「食べる」という単語はそれぞれ「taro」と「eat」という概念で表現されており，「taro」と「eat」の意味的関係はagent（動作主格）であることがわかります．図3-8右は同じ文の係り受け木です．このように，一般的に意味構造は構文構造（とくに係り受け構造）に対応しています．

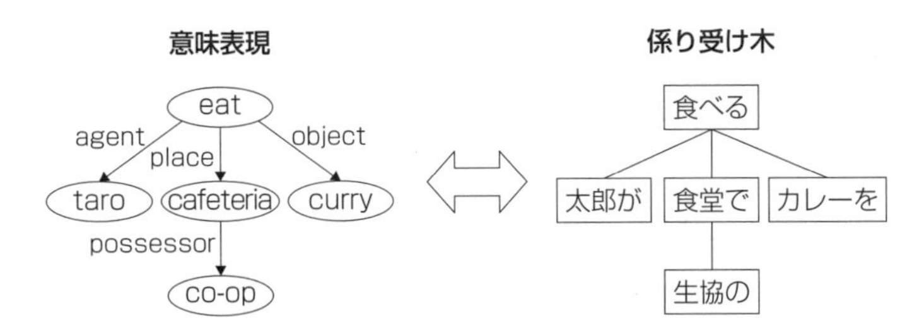

図3-8 構文構造と意味構造の関係

意味解析では，まず係り受け木に対して，単語辞書を参照して文節の主辞を概念に変換します．その際に，1つの単語に対して複数の概念候補が考えられます．これらのなかから概念を1つに絞り込むのが**語義曖昧性解消**の処理です．そして，各概念間の意味的関係を深層格として付与するのが**意味役割付与**の処理です．

3.1.4　文脈解析

形態素解析から意味解析までは，1つの文を解析することを目的にしていました．しかし，文が単独で使われることは少なく，複数の文で構成される文章の一部分として使われることがほとんどです．そのため，文章中の前後の文との関係や，その文が使用される状況との関係といった，いわゆる**文脈**によって，意味解析で得られた文の意味構造を理解することが必要になります．これを**文脈解析**といいます．文章翻訳や対話システムにはこのレベルの深い解析が求められます．

文脈は，文章中の文と文の間の表現内容のつながりを表します．文と文の間に文法的もしくは語彙的な結びつきがあることを**結束性**（cohesion）といいます．具体的には以下のような表現方法があります．

- 同じ単語の繰返し
  例）適度な運動をするべきだ．運動は体だけでなく心も安定させる．
- 言い換え
  例）「タオル取ってくれる？」「ピンクのやつでいい？」
- 照応表現（指示詞，代名詞など）
  例）いいことを教えてあげよう．正解は2つのうちのどちらかだ．
- 省略
  例）「あの映画見た？」「(映画を）見たよ」
- 接続語
  例）私は疲れていた．しかし懸命に上を目指した．

聞き手（読み手）が受け取った複数の文に対して，文単位で意味理解を行うだけでなく，結束性を考慮してすべての文の意味を1つに統合することにより，話し手（書き手）が伝えたかった内容を復元することができます．また逆に，話し手（書き手）が伝えたい内容を複数の関連した文に分割することもできます．例として，以下の文章における結束性をみてみましょう．

> X社は、「さわやかシリーズ」の新商品として「さわやか麦茶」を6月1日から販売することがわかった。27日、東京都内で行われたX社のイベントでお披露目された。新商品は、レモンを加えることで飲んだ後の爽快感を実現しているのが特徴。担当者は「レモンの配分に苦労しました」と話す。

まず，省略されている語を補ってみましょう．

> X社は、「さわやかシリーズ」の新商品として「さわやか麦茶」を6月1日から販売することがわかった。27日、東京都内で行われたX社のイベントで**（新商品「さわやか麦茶」が）**お披露目された。新商品は、**（麦茶に）**レモンを加えることで飲んだ後の爽快感を実現しているのが特徴。**（X社の）**担当者は「レモンの配分に苦労しました」と話す。

省略されている語は，すでに聞き手の意識にのぼっていて容易に補完できるとされるものです．このように，表現されない語を**ゼロ代名詞**と呼びます．

次に，同じものを示す語を探してみましょう．3文目に現れる「新商品」は「さわやか麦茶」のことを指します．同じものに対して異なる表現を使うことで，これらの文のつながりを表しています．

文脈をもう少し広い意味で捉える言葉に**コンテクスト**があります．文脈があくまでも文章そのものにおける関連性を表すのに対して，コンテクストはその文を理解し，使用するために使われる情報を含みます．

コンテクストには，**文化のコンテクスト**と**状況のコンテクスト**があります．文化のコンテクストとは，人々が共有する行動様式，価値観，やり取りの型など，長年にわたり築かれてきた社会的な共有概念を表します．状況のコンテクストとは，対話がどんな話題について，誰に，どのような伝達方法で行われているかということや，話し手（書き手）と聞き手（読み手）が共有する情報や知識すべてのことを表します．同じ内容について伝える場合でも，対象が大人か子供か，伝える方法が電話かメールかによって言いかたが変わるのは，状況のコンテクストが異なるからです．

コンテクストを話し手（書き手）と聞き手（読み手）が共有する事物と結びつけることにより，文の意味を理解することができます．たとえば，「その煎餅はおいしい」という文においては，「その煎餅」が「目の前にある煎餅」を指していることや，「太郎からメールが来たよ」という文からは「太郎」が話し手と聞き手の共通の知り合いの「太郎」を指していることが理解できます．

3.2　形態素解析

この節では，形態素解析を実現するための技術について説明します．

3.2.1　ラティス構造とコスト最小法

形態素解析における単語列への分割処理では，まず，与えられた入力文を単語の列へ分割するあらゆる可能性を示すグラフ構造（**ラティス構造**と呼ばれる）を作成します．たとえば，「日本を出発する」という文に対するラティス構造の例を**図３-９**に示します[†9]．ラティス構造には，文頭から文末までをたどる複数の経路があります．形態素解析は，それらのなかから最適な経路を選ぶ処理ということになります．

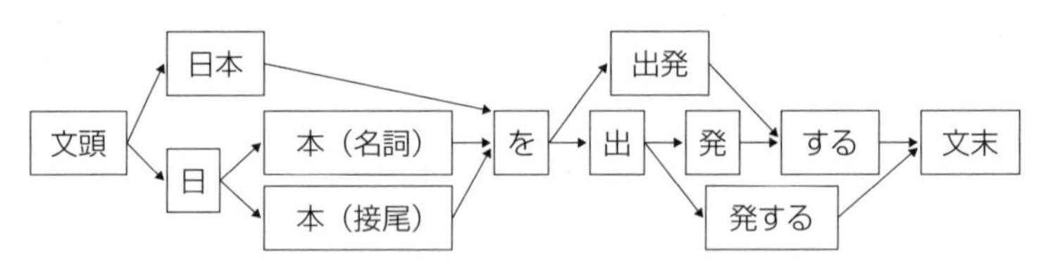

図３-９　ラティス構造の例

経路の選択方法には，経験的（ヒューリスティクス）な手法と統計的な手法があります．前者の方法には**最長一致法**や**分割数最小法**などがあります．最長一致法は，文頭から解析を始めて，可能な単語が複数ある場合は最長のものを選んで文末まで進む方法です．分割数最小法は，文全体の単語数が最小となる分割を選ぶ方法です．経験則に基づく場合，たいていは正しい結果が得られますが，常に正しい結果が得られるわけではありません．後者の方法には**コスト最小法**があります．コスト最小法とは，各単語および単語同士の接続にコストを課す方法です．合計

[†9] 図 3-9 において「本（名詞）」と「本（接尾）」の２つは表層形が同じ「本」で品詞が異なる単語を意味している．

コストが最小の単語分割を求めることが目標となります．**単語コスト** $\mathrm{cost}(w)$は，単語 w の出現頻度が小さいほど大きな値になるように，**接続コスト** $\mathrm{cost}(w, w')$は，単語 w と w' が接続しにくいほど大きな値になるように設定します．このとき，文 $S = w_1 w_2 \ldots w_n$（w_i：単語）の総コスト $\mathrm{cost}(w_1 w_2 \ldots w_n)$は，次の式で求められます．

$$
\begin{aligned}
\mathrm{cost}(w_1 w_2 \ldots w_n) &= \mathrm{cost}(w_1) + \mathrm{cost}(w_2) + \cdots + \mathrm{cost}(w_n) \\
&\quad + \mathrm{cost}(w_1, w_2) + \mathrm{cost}(w_2, w_3) + \cdots + \mathrm{cost}(w_{n-1}, w_n)
\end{aligned}
$$

単語コストと接続コストを手作業で設定するのは非常に大変です．そこで，大規模コーパスと統計的モデルに基づいてコストを導出する方法に，単語 N-gram や隠れマルコフモデルがあります[†10]．得られたコストを用いて，ラティス上でコスト最小の経路を求めるアルゴリズムにビタビアルゴリズムがあります．

3.2.2 単語 *N*-gram とコスト推定

単語 *N*-gram とは，文中に連続して出現する単語の N 個組$(w_1, w_2, \ldots, w_N)$のことです．たとえば，「ラーメンを食べる」という文に対する単語 N-gram は以下のようになります．

1-gram(unigram)：(ラーメン)，(を)，(食べる)
2-gram(bigram)　：(ラーメン，を)，(を，食べる)
3-gram(trigram)　：(ラーメン，を，食べる)

単語 N-gram データの例として，Google Web 日本語 N-gram があります．Google がクロールした Web ページに含まれる日本語文を形態素解析し，1-gram～7-gram の出現回数を集計・記録したものです．約 200 億文から 2 500 億単語が抽出されています．

$N-1$ 個の単語 $w_1, w_2, \ldots, w_{N-1}$ がこの順で出現するという条件の下で，その次に単語 w_N が来る条件付確率を N-gram 確率といいます．与えられたコーパスにおける N-gram$(w_1, w_2, \ldots, w_N)$の出現回数を $\mathrm{count}(w_1, w_2, \ldots, w_N)$とすると，

[†10] MeCab では，より高精度なコストが得られる条件付き確率場（CRF）が用いられています．

N-gram 確率の最尤推定量は以下の式で求められます．

$$P(w_N \mid w_1, w_2, \ldots, w_{N-1}) = \frac{\mathrm{count}(w_1, w_2, \ldots, w_{N-1}, w_N)}{\mathrm{count}(w_1, w_2, \ldots, w_{N-1})}$$

たとえば，あるコーパスに 1 万単語が含まれていたとして，「ラーメン」が 20 回，「を」が 400 回，「食べる」が 25 回，（ラーメン，を）が 10 回，（を，食べる）が 20 回出現したとすると，「ラーメン」の 1-gram 確率は単語の出現回数を全単語数で割ったものなので，20/1 万= 0.002 となります. 同様に，「を」，「食べる」の 1-gram 確率はそれぞれ 0.04, 0.0025 となります．また，（ラーメン,を）の 2-gram 確率は count（ラーメン，を）/ count（ラーメン）＝ 10/ 20 ＝ 0.5, （を，食べる）の 2-gram 確率は count（を，食べる）/ count（を）= 20/ 400 = 0.05 となります．

単語 *N*-gram モデルは言語の確率モデルの一種で，「文中の各単語の出現確率は直前の $N-1$ 個の単語の組合せに依存して決定する」とみなす考えに基づいています．この考えを ***N*－1 重マルコフ過程**と呼びます．たとえば，1-gram モデルでは，文中の各単語の出現確率が直前の単語に依存しません．k 個の単語 $w_1, w_2, \ldots, w_k$ が順番に出現する確率 $P(w_1, w_2, \ldots, w_k)$ は以下の式で求められます．

$$P(w_1, w_2, \ldots, w_k) = P(w_1) \times P(w_2) \times \cdots \times P(w_k)$$

対して 2-gram モデルでは，単語の出現確率が直前の 1 単語に依存して決まります．この場合，確率 $P(w_1, w_2, \ldots, w_k)$ は以下の式で求められます．

$$P(w_1, w_2, \ldots, w_k) = P(w_1) \times P(w_2 \mid w_1) \times P(w_3 \mid w_2) \times \cdots \times P(w_k \mid w_{k-1})$$

たとえば，w_1＝「ラーメン」，w_2＝「を」，w_3＝「食べる」の場合の $P(w_1, w_2, \ldots, w_k)$ を 1-gram モデルで求めると

$$0.002 \times 0.04 \times 0.0025 = 2.0 \times 10^{-7}$$

2-gram モデルで求めると

$$0.002 \times 0.5 \times 0.05 = 5.0 \times 10^{-5}$$

と計算できます.

N-gram モデルは実際の確率を近似したものであり，N の値が大きいほど精度が高くなりますが，N が 4 以上になるとコーパス中の各 N-gram の出現回数が減ることにより，出現確率の推定値の信頼性が低くなるため，応用には $N=2$ や 3 が多く用いられています.

形態素解析における**マルコフモデル**とは，解析結果候補の単語列のなかから単語 N-gram により求められる確率が最大の候補を選ぶ方法です．2-gram モデルの場合，文 S を構成する単語を $w_1, w_2, ..., w_k$ とすると，次の式の値が最大となる解析候補が選ばれます.

$$P(w_1, w_2, ..., w_k)=P(w_1)\times P(w_2 | w_1)\times P(w_3 | w_2)\times\cdots\times P(w_k | w_{k-1})$$

コーパスから最尤推定により得られる 2-gram 確率を用いて接続コストを以下のように設定します.

$$\mathrm{cost}(w, w')=-\log P(w' | w)$$

このとき，単語列 $w_1, w_2, ..., w_k$ の接続コストの和は

$$\begin{aligned}&\mathrm{cost}(w_1, w_2)+\mathrm{cost}(w_2, w_3)+\cdots\mathrm{cost}(w_{k-1}, w_k)\\&\qquad=-\log P(w_1 | w_2)-\log P(w_2 | w_3)-\cdots-\log P(w_k | w_{k-1})\\&\qquad=-\log(P(w_1 | w_2)\times P(w_2 | w_3)\times\cdots P(w_k | w_{k-1}))\end{aligned}$$

となります．よって，形態素解析におけるコスト最小法において，上記のように N-gram 確率が高いほど接続コストが低くなるように設定することで，単語列の接続コストの和を最小化することと生起確率の最大化がほぼ一致します.

3.2.3 隠れマルコフモデルに基づくコスト推定

隠れマルコフモデル（HMM：Hidden Markov Model）とは，**図 3-10** に示すように，文中の各単語 w_i は，マルコフ過程に従い遷移する（観測不可能な）内部状態 t_i から確率的に生成されるという考えかたです．内部状態 t_i としては，通常は品詞または品詞に類する単語のカテゴリ分類を用います.

p_{ij} は，品詞 t_i の次の語が品詞 t_j である確率を表します．q_{ik} は任意に選んだ品詞 t_i の単語が w_k である確率を表します．たとえば，t_1 が名詞で t_2 が助詞の場合は，p_{12} は名詞の次の語が助詞である確率 P（助詞|名詞）となります．また，t_1 が名詞で w_1 が「ラーメン」の場合は，q_{ik} は任意に選んだ名詞が「ラーメン」である確率 P（ラーメン|名詞）となります．図 3-10(b)は，w_1=「ラーメン」，w_2=「を」，w_3=「食べる」の場合の HMM の例です．

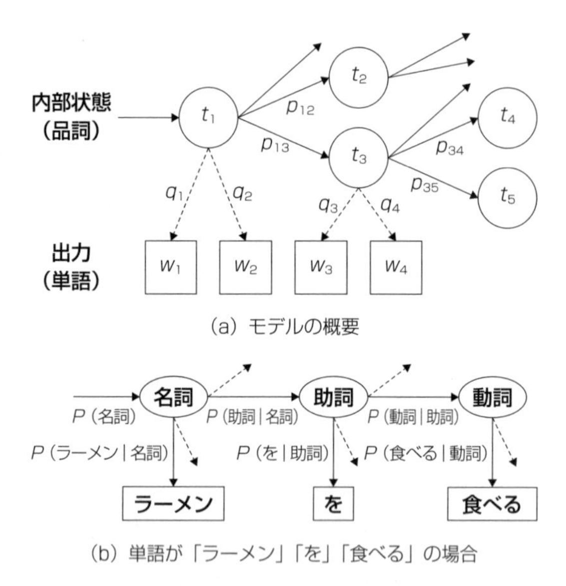

図 3-10　隠れマルコフモデル(HMM)

形態素解析結果の候補のなかから，HMM によって求められる確率が最大の候補を選びます．文 S を構成する単語を $w_1, w_2, ..., w_k$ とすると，次の式の値が最大となる解析候補が選ばれます．

$$
\begin{aligned}
P(w_1, w_2, ..., w_k) &= \prod_{i=1}^{k} P(t_i \mid t_{i-1}) P(w_i \mid t_i) \\
&= P(t_i) \times P(t_2 \mid t_1) \times \cdots \times P(t_k \mid t_{k-1}) \times P(w_1 \mid t_1) \\
&\quad \times \cdots \times P(w_k \mid t_k)
\end{aligned}
$$

ただし，品詞 2-gram 確率の最尤推定 $P(t_i | t_{i-1}) = \mathrm{count}(t_{i-1}, t_i) / \mathrm{count}(t_{i-1})$，品詞ごとの単語出現確率の最尤推定 $P(w_i | t_i) = \mathrm{count}(w_i, t_i) / \mathrm{count}(t_i)$ となります．

例として，文 $S=$「ラーメンを食べる」に対して，$w_1=$「ラーメン」，$w_2=$「を」，$w_3=$「食べる」としたとき，図 3-10(b)に示した HMM を用いて $P(w_1, w_2, w_3)$ を計算すると

$$
\begin{aligned}
P(\text{ラーメン, を, 食べる}) = &P(\text{名詞}) \times P(\text{助詞} | \text{名詞}) \times P(\text{動詞} | \text{助詞}) \\
&\times P(\text{ラーメン} | \text{名詞}) \times P(\text{を} | \text{助詞}) \\
&\times P(\text{食べる} | \text{動詞})
\end{aligned}
$$

となります．

コーパスから最尤推定によって得られる確率を用いて，単語コストと接続コストを以下のように設定します．

$$
\begin{aligned}
&\mathrm{cost}(w) = -\log P(w | t) \\
&\mathrm{cost}(w, w') = -\log P(t' | t)
\end{aligned}
$$

このとき，単語列 $w_1, w_2, \ldots, w_k$ の単語コストと接続コストの和を最小化することは，HMM における生起確率を最大化することとほぼ一致します．

3.2.4　ビタビアルゴリズム

得られた単語コストと接続コストから，ラティス上で最小の経路を求めるアルゴリズムの 1 つが**ビタビアルゴリズム**です．これは動的計画法の一種で，ラティス の各頂点 w に対し，文頭からその頂点までの経路の合計コストの最小値 $C(w)$ と，その最小値を与える経路を求めて記録していくものです．具体的には，文頭から始めて，注目する文字位置 i を 1 つずつ右へ移動しながら，文字位置 i から始まるそれぞれの単語 w について，次の式で $C(w)$を求めます．

$$
C(w) = \min_{w'} \{C(w') + \mathrm{cost}(w', w)\} + \mathrm{cost}(w)
$$

ただし，ここで w' は文字位置 $i-1$ で終わる任意の単語とします．最後に，ラティスで文末を表す頂点に付与された合計コストの最小値に対応する経路が，求

める経路となります．

例として「日本を出発する」という文に対して，**図3-11**のようなラティスが求められたとします．各単語の上に書かれている数値が単語コスト，各辺に付けられている数値が接続コストを表します．

文字位置$i=1$のとき，単語wは最初の単語である「日」と「日本」となります．このときw'には単語がないので，各単語の単語コストと接続コストの合計が各単語のコストになることから，C(日本)$=8$, C(日)$=9$と求められます．

文字位置$i=2$のとき，単語wは「日」の次の「本（名詞)」と「本（接尾)」となり，「日」のコストと各単語wの接続コストと単語コストを合計することで，C(本(名詞))$=22$, C(本(接尾))$=20$となります．文字位置$i=3$のとき，単語wは「を」となり，「を」に向かう3つの経路の接続コストと，1つ前の単語の単語コストを加えて最もコストが小さくなる「日本」＋「を」が選ばれます．このとき，ここまでのコストは12となります．

同様に$i=8$までコストを計算することで，図3-11の破線の経路が最小コストの経路となり，これが解析結果となります．

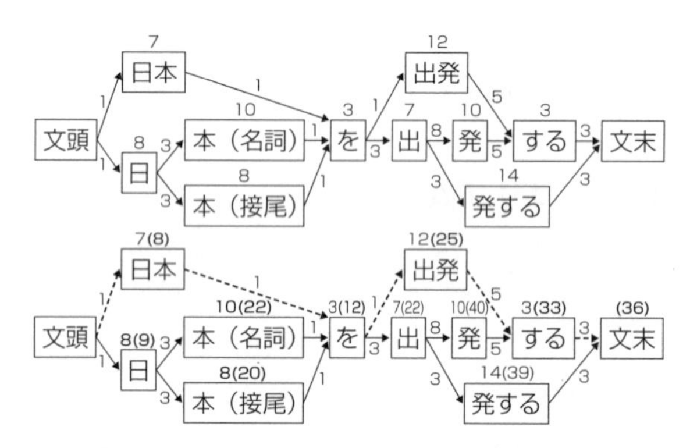

図3-11　ビタビアルゴリズムによる経路の決定例

演習 3.1 MeCab による形態素解析

演習 3.1 では，MeCab をインストールして，形態素解析を実行します．また，MeCab を Java から呼び出して使用できるようにすることで，形態素解析の結果をほかのプログラムから利用できるようにします．

まずは MeCab をインストールします．MeCab の Web サイト[†11]から各自の OS に対応するパッケージをダウンロードします．Windows 版の場合は辞書が内蔵されているため，パッケージのインストーラを実行するだけで済みますが，Linux 版の場合はソースコードと辞書をダウンロードし，それぞれコンパイルしてインストールする必要があります．インストール時に設定する辞書の文字コードには UTF-8 を選択しておきます．インストールした後に，MeCab の実行ファイルのパスを環境変数に加えておくと，どのディレクトリからでも実行できるようになります．たとえば Windows の場合，デフォルトのパスは「C:¥Program Files (x86)¥MeCab¥bin」になります．

インストールが完了したら，MeCab を起動してみます．以下は Linux の場合の実行方法です．

```
mecab
```

標準入力からの入力待ちの状態になるので，解析したい文を入力すると，出力結果が表示されます．MeCab の出力結果は，以下に示すようなフォーマットで，1 行に 1 つの単語の情報が記述されます．

```
表層形 \t 品詞,品詞細分類 1,品詞細分類 2,品詞細分類 3,活用型,活用形,原形,読み,発音
```

たとえば，「私は学校へ行きます」という例文を MeCab で解析すると，以下のように出力されます．

---

†11 http://taku910.github.io/mecab/

```
私　　　名詞,代名詞,一般,*,*,*,私,ワタシ,ワタシ
は　　　助詞,係助詞,*,*,*,*,は,ハ,ワ
学校　　名詞,一般,*,*,*,*,学校,ガッコウ,ガッコー
へ　　　助詞,格助詞,一般,*,*,*,へ,へ,エ
行き　　動詞,自立,*,*,五段・カ行促音便,連用形,行く,イキ,イキ
ます　　助動詞,*,*,*,特殊・マス,基本形,ます,マス,マス
```

Windowsの場合は，コマンドプロンプトやWindows PowerShellの文字コードがShift-JISのため，コマンドラインからMeCabを実行して結果を標準出力に出力すると文字化けしてしまいます．そこで，MeCabを起動する際に，引数に入力ファイル名を指定し，-oオプションの後に出力ファイル名を指定すると，入力ファイルに書かれている文を解析して出力ファイルに結果を出力します．

```
mecab input.txt -o output.txt
```

次に，JavaからMeCabを呼び出して実行するプログラムを作成します．MeCabのJavaインタフェースやSenを使うこともできますが，ここではJavaのProcessBuilderクラスを使う方法を使用します．プログラムのクラス構成図を**図3-12**に示します．プログラムは以下の3つで構成されています．

MeCab.java

形態素解析のためのクラスです．analyzeメソッドの引数に解析したい文を指定して呼び出すことでMeCabを実行します．文を単語に分割し，単語の情報をWordクラスのリストとして戻します．形態素解析結果における1つの単語の情報からWordオブジェクトを作成するには，MeCabの解析結果1行分の文字列を引数としてcreateWordFromLineメソッドを呼び出します．このメソッドは後ほど係り受け解析を行うCaboChaクラスでも使用するため，staticメソッドとして定義しています．MeCabのプロセスが複数立ち上がらないようにするため，シングルトンパターンを適用することにより，MeCabクラスのインスタンスが唯一となるようにしています．

Word.java

単語の情報を表現するクラスです．表層形，原形，品詞，読みといった単語の情報をフィールドとしてもちます．1つの単語が1つのWordオブジェクトに対応します．

TestMeCab.java

メインプログラムです．プログラムを実行すると形態素解析を行います．形態素解析結果の参照例として，単語の表層形，原形，品詞を出力しています．

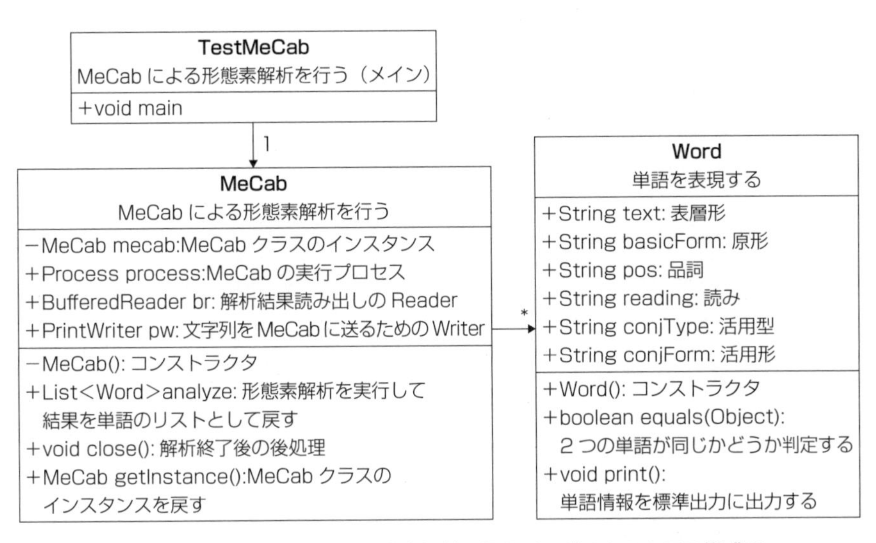

図3-12 MeCabにより形態素解析を行うプログラムのクラス構成図

リスト3-1　TestMeCab.java

```
package chapter3;

import java.util.List;

/** MeCabによる形態素解析を開始するメインプログラム */
public class TestMecab {

  public static void main(String[] args) {

    // 形態素解析を実行
    MeCab mecab = MeCab.getInstance();
    List<Word> wordList = mecab.analyze("私は学校へ行きます");
    mecab.close();

    // 形態素解析の結果を標準出力に出力
    for (Word w : wordList) {
      w.print();
    }
  }
}
```

リスト3-2　MeCab.java

```
package chapter3;

import java.io.BufferedReader;
import java.io.BufferedWriter;
import java.io.IOException;
import java.io.InputStreamReader;
import java.io.OutputStreamWriter;
import java.io.PrintWriter;
import java.util.ArrayList;
```

```
import java.util.List;

/** MeCabによる形態素解析を行う */
public class MeCab {

  // シングルトンパターン
  private static MeCab mecab = null;

  //MeCabの実行パス
  private final String PATH = "mecab";

  Process process;     //MeCabの実行プロセス
  BufferedReader br;  // 解析結果読み出しのためのReader
  PrintWriter pw;     // 文字列をMeCabに送るためのWriter

  /** コンストラクタ */
  private MeCab() {
    try {
      /* MeCabのプロセスを起動 */
      ProcessBuilder pb = new ProcessBuilder(PATH);
      process = pb.start();

      System.out.println("*** MeCab解析中 ***");
      br = new BufferedReader(
        new InputStreamReader(process.getInputStream()));
      pw = new PrintWriter(new BufferedWriter(
        new OutputStreamWriter(process.getOutputStream())));
    } catch (IOException e) {
      e.printStackTrace();
    }
  }

  /** MeCabによる形態素解析を行い単語リストを返す */
```

```
public List＜Word＞ analyze(String inputText) {

  System.out.println("解析文：" + inputText);

  // 解析結果の単語情報を保持するリスト
  List＜Word＞ wordList = new ArrayList＜Word＞();

  // 入力テキスト inputText を MeCab に送る
  pw.println(inputText);
  pw.flush();

  String line;
  try {
   while ((line = br.readLine()) != null) { // 解析結果を MeCab から受信
    if (line.equals("EOS")) { // EOS は文の終わりを表す
     break;
    } else {
     //MeCab 解析して，単語を wordList に追加
     Word word = createWordFromLine(line);
     wordList.add(word);
    }
   }
  } catch (IOException e) {
   e.printStackTrace();
  }
  return wordList;
}

/** MeCab の解析結果から Word オブジェクトを作成する */
public static Word createWordFromLine(String line){
 Word word = new Word();

  // 解析結果をタブで区切り，表層形を取得
```

```
  String[] split = line.split("\t");
  word.text = split[0];

  // 解析結果をカンマで区切り，各情報を取得
  String[] split2 = split[1].split(",");

  // 品詞情報を取得
  word.pos = split2[0];
  for(int i=1; i<=3; i++) {
  if (split2[i].equals("*")){
    break;
  }
  word.pos += "-" + split2[i];
  }

  // 活用型，活用形，原形，読みを取得
  word.conjType = split2[4];
  word.conjForm = split2[5];

  if (split2[6].equals("*")) {
   word.basicForm = word.text;
   word.reading = "";
  } else {
   word.basicForm = split2[6];
   word.reading = split2[7];
  }

  return word;
}

/** 解析終了後の後処理 */
public void close() {
  try {
```

```
      br.close();
      pw.close();
      process.destroy();
      mecab = null;
    } catch (IOException e) {
      e.printStackTrace();
    }
    System.out.println("*** MeCab 解析終了 ***");
  }

  /** MeCab クラスのインスタンスを戻す */
  public static MeCab getInstance() {
    if(mecab==null){
      mecab = new MeCab();
    }
    return mecab;
  }
}
```

リスト３-３　Word.java

```
package chapter3;

/** 単語情報を表現するクラス */
public class Word {

  public String text;         // 表層形
  public String basicForm;    // 原形
  public String pos;          // 品詞
  public String reading;      // 読み
  public String conjType;     // 活用型
  public String conjForm;     // 活用形
```

```
  /** 単語の情報を出力 */
  public void print() {
    System.out.println(text + " | " + basicForm + " | " + pos);
  }

  /** 2つの単語が同じかどうか判定する */
  @Override
  public boolean equals(Object o) {
    if (!(o instanceof Word)) {
      return false;
    }
    Word w = (Word) o;
    // 2つのWordの原形と品詞が等しければ同一とみなす
    return (this.basicForm.equals(w.basicForm) && this.pos.equals(w.
pos));
  }

  @Override
  public int hashCode() {
    return basicForm.hashCode() + pos.hashCode();
  }
}
```

変数PATHには，MeCabの実行ファイルへのパスを記述します．環境変数にMeCabのパスを記述していない場合は，ここにMeCabの実行ファイルへの絶対パスを記述します．

MeCabクラスにおいて，MeCabを実行して文を形態素解析した結果を取得する流れを**図3-13**に示します．MeCabのプロセスをProcessBuilderにより起動し，ストリームを用いて解析したい文字列をMeCabのプロセスに送ります．プロセスにより形態素解析が実行され，出力された結果をストリームにより取得し，バッファから1行ずつ読み込みます．1つの単語の解析結果が1行に書かれているため，EOSに一致するまで繰り返し解析結果を取得することで，すべての単語の解析結果を取得できます．

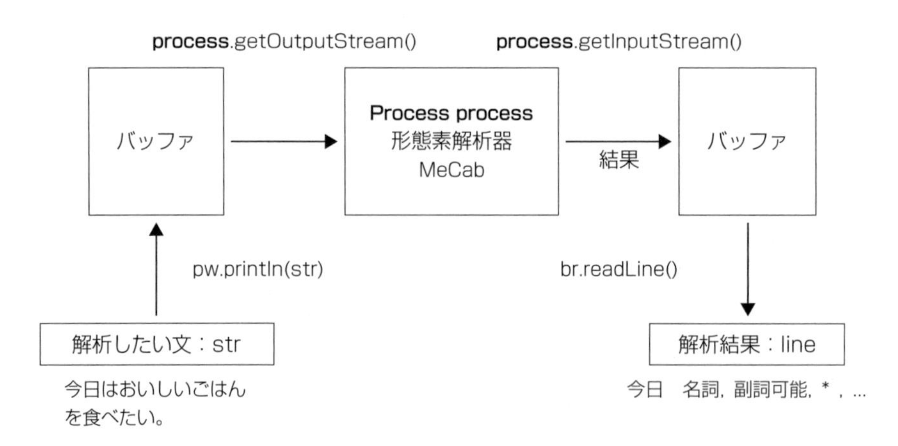

図 3-13　MeCab クラスにおける MeCab の実行イメージ

図 3-13 における解析結果 line は，1 単語に対する解析結果が代入された文字列です． MeCab の解析結果は，表層形とそれ以外の情報がタブで区切られているため，まずは String クラスの split メソッドによりタブで分割し，文字列型の配列 split に格納します．このとき，表層形が split[0] に，それ以外の情報が split[1] に格納されます．次に，split[1] を同様に半角カンマで区切ることで，各情報を文字列型の配列 split2 に格納します．

図 3-14 は，TestMeCab.java を実行した結果の出力例です．解析文「私は学校へ行きます」を MeCab で解析した後，Word クラスの print メソッドにより「表層形 | 原形 | 品詞」を出力しています．

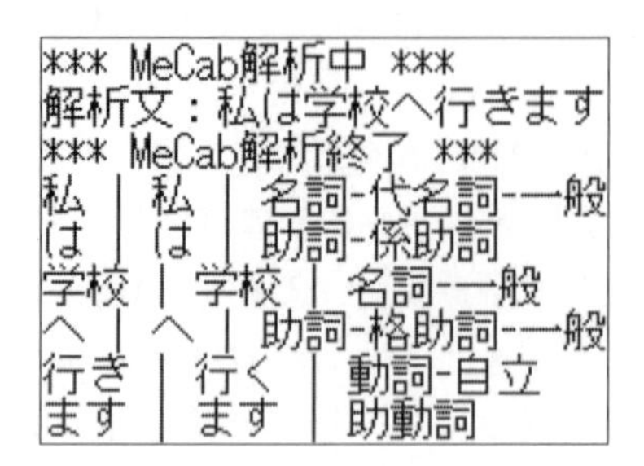
```
*** MeCab解析中 ***
解析文：私は学校へ行きます
*** MeCab解析終了 ***
私 | 私 | 名詞-代名詞-一般
は | は | 助詞-係助詞
学校 | 学校 | 名詞-一般
へ | へ | 助詞-格助詞-一般
行き | 行く | 動詞-自立
ます | ます | 助動詞
```

図 3-14　TestMeCab.java を実行した結果の出力例

結果が文字化けした場合には，MeCabをインストールしたときに設定した文字コードと開発環境の文字コードが合っているかどうかを確認しましょう．ファイルから読み込んだ文字列をMeCabのプログラムで解析する際には，ファイルの文字コードを合わせる必要があるので注意してください．

演習 3.2 MeCab を用いた *N*-gram の計算

MeCabの形態素解析結果から，1-gramと2-gramの頻度を計算するプログラムを実装します．プログラムの構成は以下のとおりです．また，プログラムの構成図を**図 3-15**に示します．

TestNgram.java

実行すると，MeCabクラスにより文を単語に分割し，その結果から1-gramと2-gramの出現回数を求めます．

Counter.java

型＜T＞のオブジェクトの種類ごとの出現回数を数えます．数えた結果は型＜T＞のオブジェクトとInteger型の数値のHashMapに格納します．たとえば，型＜T＞にWordを指定した場合，単語の出現回数を計数します．

addメソッドの引数にオブジェクトを指定して呼び出すと，既に出現回数が登録されている場合にはその数値に1を加え，まだ登録されていない場合にはオブジェクトを登録して出現回数を1に設定します．

Word.java

演習3.1で使用したものと同じ，単語に関するクラスです．

Bigram.java

2つの単語の並びを保持するクラスです．コンストラクタの引数にWord型のオブジェクトを2つ指定します．

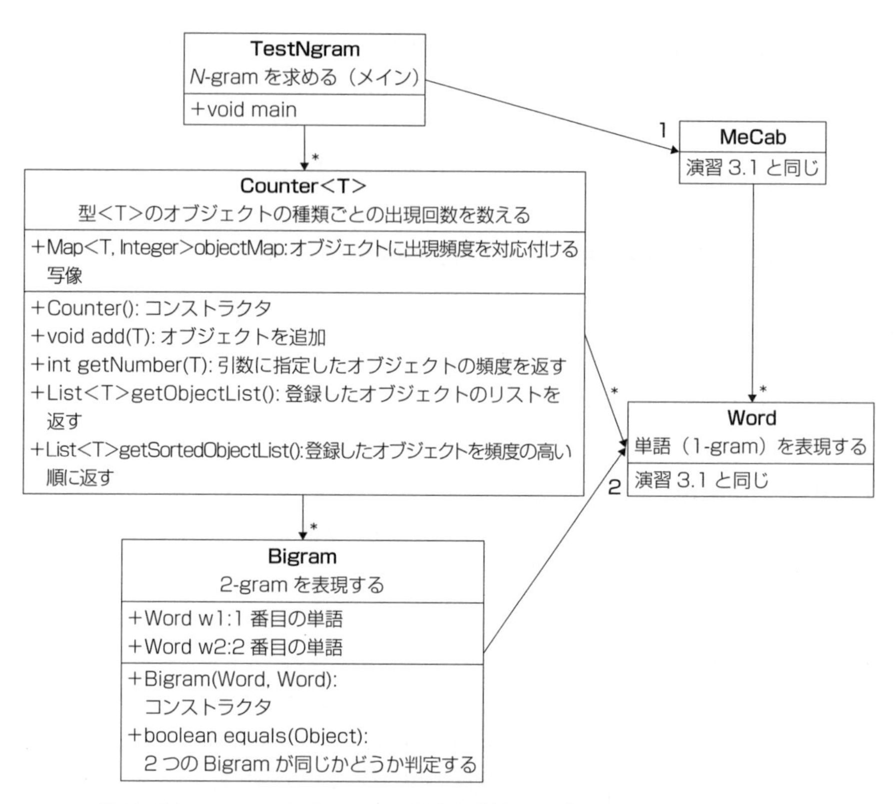

図 3-15　1-gram と 2-gram の頻度を計算するプログラムのクラス構成図

リスト3-4 TestNgram.java

```
package chapter3;

import java.io.BufferedReader;
import java.io.FileReader;
import java.util.ArrayList;
import java.util.List;

/** N-gramの頻度を求めるメインプログラム */
public class TestNgram {

 public static void main(String[] args) {

  //MeCabの解析
  MeCab mecab = MeCab.getInstance();
  //1-gramの計数
  Counter<Word> wordCounter = new Counter<Word>();
  //2-gramの計数
  Counter<Bigram> bigramCounter = new Counter<Bigram>();

  try {
   //ファイルから読み出す
   BufferedReader br = new BufferedReader(
     new FileReader("natsume/kokoro_filtered.txt"));
   String line;
   //1行ずつ取得して形態素解析し，1-gramと2-gramを作成
   while ((line = br.readLine()) != null) {
    List<Word> wordList = mecab.analyze(line);

    //1-gramの作成
    for (Word w : wordList) {
     wordCounter.add(w);
    }
```

```
      //2-gramの作成
      for (int i = 0; i < wordList.size() - 1; i ++) {
        Bigram bg = new Bigram(wordList.get(i), wordList.get(i + 1));
        bigramCounter.add(bg);
      }
    }
    br.close();
  } catch (Exception ex) {
    ex.printStackTrace();
  }
  mecab.close();

  //1-gramと2-gramをそれぞれ出現頻度でソートして出力
  List<Word> unigramResultList = wordCounter.getSortedObjectList();
  System.out.println("*** 1-gram ***");
  for (Word w : unigramResultList) {
    System.out.println(wordCounter.getNumber(w) + "\t"
      + w.basicForm + "(" + w.pos + ")");
  }

  List<Bigram> bigramResultList
        = bigramCounter.getSortedObjectList();
  System.out.println("*** 2-gram ***");
  for (Bigram b : bigramResultList) {
    System.out.println(bigramCounter.getNumber(b) + "\t"
      + b.w1.basicForm + "(" + b.w1.pos + ")" + "\t"
      + b.w2.basicForm + "(" + b.w2.pos + ")");
  }
 }
}
```

リスト3-5 Counter.java

```
package chapter3;

import java.util.ArrayList;
import java.util.Collections;
import java.util.Comparator;
import java.util.HashMap;
import java.util.List;
import java.util.Map;

/** 型Tのオブジェクトの種類ごとの出現回数を数える計数器 */
public class Counter<T> {
  // 単語に出現回数を対応付ける写像
  Map<T, Integer> objectMap;

  /** コンストラクタ */
  public Counter() {
    objectMap = new HashMap<T, Integer>();
  }

  /** オブジェクトの出現情報を1回分追加する */
  public void add(T obj) {
    Integer count = objectMap.get(obj);

    if (count != null) {// マップに登録済み（つまり最低1回は出現済み）の場合は
      int newCount = count.intValue() + 1;// 記録されている回数に1を足して
      objectMap.put(obj, newCount); // マップに上書き登録する
    } else { // いままで出現していない単語の場合は
      objectMap.put(obj, 1); // マップに出現回数1と登録する
    }
  }

  /** オブジェクトの出現回数を返す */
```

```
    public int getNumber(T obj) {
        Integer count = objectMap.get(obj);
        if (count != null) {
            return count.intValue();
        } else {
            return 0;
        }
    }

    /** 出現したオブジェクトのリストを作って返す */
    public List<T> getObjectList() {
        return new ArrayList<T>(objectMap.keySet());
    }

    /** 出現回数順にオブジェクトをソートしたリストを作って返す */
    public List<T> getSortedObjectList() {
        List<T> objectList = getObjectList();
        Collections.sort(objectList, new Comparator<T>() {
            public int compare(T obj1, T obj2) {
                return objectMap.get(obj2) - objectMap.get(obj1);
            }
        });
        return objectList;
    }
}
```

リスト3-6 Bigram.java

```
package chapter3;

/** Bigramを表現するクラス */
public class Bigram {
```

```
  /** Bigramを構成する2つの単語 */
  public Word w1;
  public Word w2;

  /** コンストラクタ */
  public Bigram(Word w1, Word w2) {
   this.w1 = w1;
   this.w2 = w2;
  }

  /** 2つのBigramが同じかどうか判定する */
  @Override
  public boolean equals(Object o) {
   if (!(o instanceof Bigram)) {
    return false;
   }
   Bigram b = (Bigram) o;

   return w1.equals(b.w1) && w2.equals(b.w2);
  }

  @Override
  public int hashCode() {
   return w1.hashCode() + w2.hashCode();
  }
}
```

TestNgram.javaを実行すると，まずMeCabにより解析文を形態素解析し，Wordオブジェクトのリスト wordListを作成します．これが1-gramです．次に，wordListの先頭から順番に単語を2つずつ組み合わせ，Bigramオブジェクトを作成します．これをCounter < Bigram >オブジェクト bigramCounterに与えて2-gramの出現頻度を計数します．最後に1-gramと2-gramをそれぞれ出現頻度でソートして出力します．

以下は TestNgram.java を実行した結果の出力例です．青空文庫からダウンロードした「こころ」のコーパスを解析し，1-gram と 2-gram を頻度順に出力しています．

```
*** MeCab 解析中 ***
解析文：私はその人を常に先生と呼んでいた。
解析文：だからここでもただ先生と書くだけで本名は打ち明けない。
解析文：これは世間を憚かる遠慮というよりも、その方が私にとって自
然だからである。
…
(略)
…
*** MeCab 解析終了 ***
*** 1-gram ***
5453        た(助動詞)
4654        。(記号-句点)
4144        は(助詞-係助詞)
…
(略)
…
1           もう一度(副詞-一般)
1           平素(名詞-一般)
*** 2-gram ***
2955        た(助動詞)              。(記号-句点)
1350        私(名詞-代名詞-一般)    は(助詞-係助詞)
1063        て(助詞-接続助詞)       いる(動詞-非自立)
…
(略)
…
1           すぐ(副詞-助詞類接続)   申し出(名詞-一般)
1           捲く(動詞-自立)         て(助詞-接続助詞)
```

3.3　係り受け解析

係り受け解析の流れを**図 3-16** に示します．解析対象の文を形態素解析した結果として得られた単語の列に対して，まず文節区切りの位置を決定します．次に，文節の列に対して係り受けの関係を決定することで，係り受け構造が決定します．図の場合，「駅で」「彼女を」「見た」の 3 つの文節に区切られ，「駅で」と「彼女を」が「見た」に係っているという構造となっています．このような係り受け構造を決定するためには，品詞や文節間の距離といった点に着目します．たとえば，遠くにある文節よりも近くにある文節に係りやすいことや，読点の直前の文節は直後の文節に係りにくいといった規則があります．しかしこのような特徴は例外も多く単純なルールで記述することは難しいため，機械学習により決定されることが多くなっています．

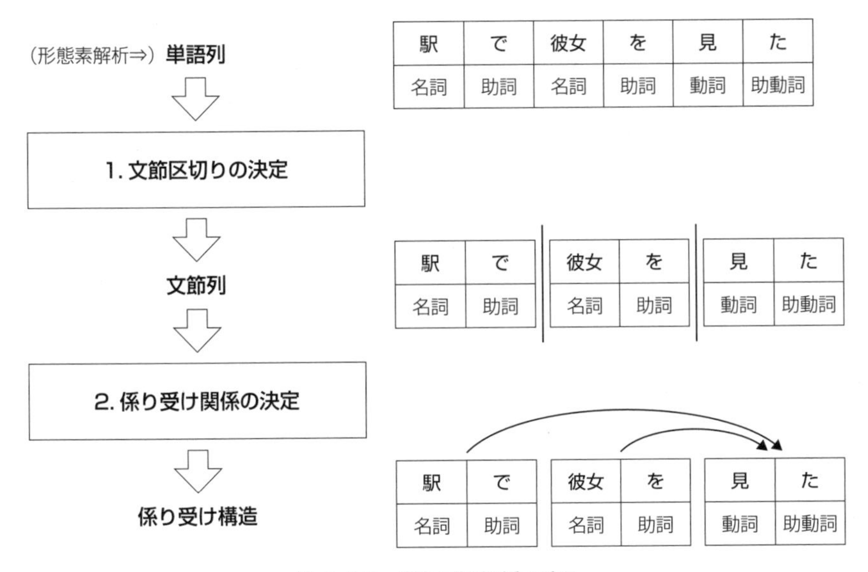

図 3-16　係り受け解析の流れ

演習 3.3　CaboCha による係り受け解析

演習 3.3 では，CaboCha をインストールして係り受け解析を実行します．また，MeCab と同様に Java から CaboCha を呼び出して使用できるようにします．

まずは CaboCha をインストールします．CaboCha の Web サイト[†12]から各自の OS に対応するパッケージをダウンロードします．事前に MeCab をインストールしておく必要があります．Windows の場合はパッケージを実行するだけでインストールできます．Linux の場合は CRF++ のインストールも必要ですので，それぞれコンパイルしてインストールします．インストール時に設定する辞書の文字コードには UTF-8 を選択しておきます．MeCab と同様に実行ファイルのパスを環境変数に加えておきます．

インストールが完了したら，コマンドライン上で CaboCha を起動してみます．出力形式をテキスト形式にするため，-f1 オプションを付与します．以下は Linux の場合の実行方法です．

```
cabocha -f1
```

標準入力からの入力待ちの状態になるので，解析したい文を入力すると，出力結果が表示されます．たとえば，「今日はおいしいご飯を食べたい」という文に対する解析結果は**図 3-17** のようになります．MeCab の解析結果に対して形態素を文節にまとめ，「*」から始まる文節情報が付与されます．「*」の後ろには，文節番号，係り先，主辞／機能語の位置，係り関係のスコアが半角スペース区切りで記述されます．係り先は文節番号＋“D” で表され，係り先がない場合は −1 となります．

たとえば図 3-17 において，1 行目の「* 0 3D・・・」から，文節番号は 0 であり，係り先は文節番号 3 の「食べたい」であることがわかります．また，次の「*」までに表示されている形態素は「今日」と「は」であることから，これらを繋げた「今日は」が文節番号 0 の文節であることがわかります．同様に，「ご飯を」が「食べたい」に，「おいしい」が「ご飯を」に係っており，「食べたい」は係り先がないことがわかります．

[†12] https://taku910.github.io/cabocha/

```
* ⓪ ③D 0/1 -1.879146
今日　　名詞,副詞可能,*,*,*,*,今日,キョウ,キョー
は　　　助詞,係助詞,*,*,*,*,は,ハ,ワ
* 1 2D 0/0 1.784011
おいしい　形容詞,自立,*,*,形容詞・イ段,基本形,おいしい,オイシイ,オイシイ
* 2 3D 0/1 -1.879146
ご飯　　名詞,一般,*,*,*,*,ご飯,ゴハン,ゴハン
を　　　助詞,格助詞,一般,*,*,*,を,ヲ,ヲ
* 3 -1D 0/1 0.000000
食べ　　動詞,自立,*,*,一段,連用形,食べる,タベ,タベ
たい　　助動詞,*,*,*,特殊・タイ,基本形,たい,タイ,タイ
EOS
```

図 3-17　「今日はおいしいご飯を食べたい」を CaboCha で係り受け解析した結果

MeCab と同様に，入力ファイルと出力ファイルを指定することもできます．

```
cabocha -f1 input.txt -o output.txt
```

次に，Java から CaboCha を呼び出し，文節の情報や係り受け関係を保持するプログラムを作成します．プログラムのクラス構成図は**図 3-18** のとおりです．プログラムは以下の 4 つのクラスで構成されています．

CaboCha.java

係り受け解析のためのクラスです．analyze メソッドの引数に解析したい文を指定して呼び出すことで CaboCha を実行し，解析結果を 1 行ずつ取得します．まず「*」から始まる行から係り受けの情報を取得します．次の行から 1 つの文節に含まれる各単語の情報を取得し，Word オブジェクトのリストを作成します．形態素解析には MeCab が使われているため，MeCab クラスの createWordFromLine メソッドを使用して単語情報を Word オブジェクトに格納します．係り受け情報と単語リストを Chunk オブジェクトに格納します．これらの処理をすべての文節に対して行い，Chunk オブジェクトのリストを作成して戻します．CaboCha クラスは MeCab クラスと同様にシングルトンパターンで構築されています．

Chunk.java

文節を表すクラスです．文節に含まれる単語のリストと，係り先の文節番号，係り先の文節，係り元の文節リストをフィールドにもちます．1つの文節が1つの Chunk オブジェクトに対応します．

Word.java

単語を表すクラスです．演習 3.1 で使用したものと同じです．

TestCaboCha.java

メインプログラムです．プログラムを実行すると，係り受け解析を行います．係り受け解析結果の参照例として，文の最後の文節に係る文節を列挙して出力しています．

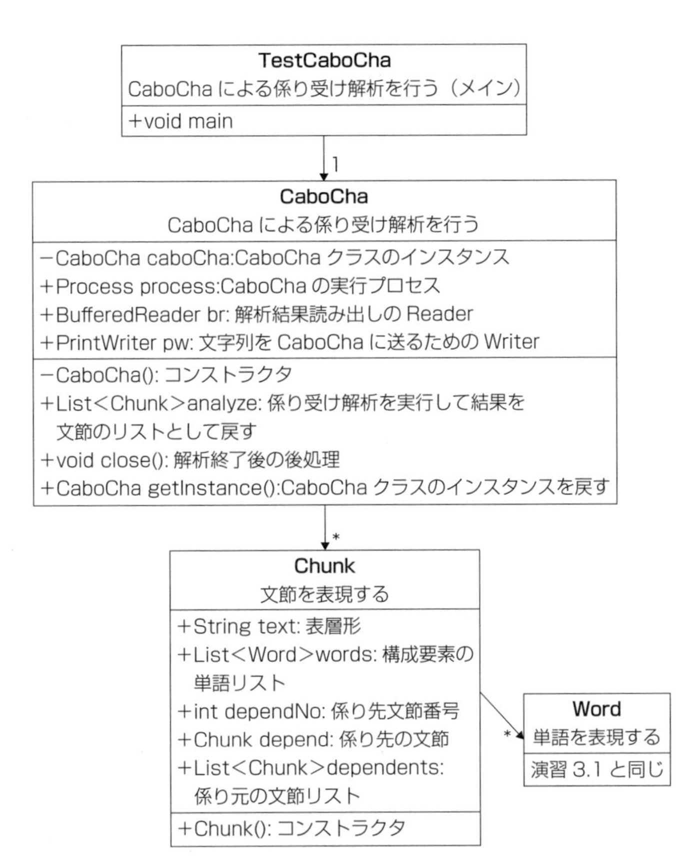

図3-18 CaboChaにより係り受け解析を行うプログラムのクラス構成図

例文「今日はおいしいご飯を食べたい」をCaboChaにより解析するプログラムをリストに示します.

リスト3-7 TestCaboCha.java

```
package chapter3;

import java.util.List;

/** CaboChaによる係り受け解析を開始するメインプログラム */
```

```
public class TestCabocha {

 public static void main(String[] args) {

  //CaboChaによる係り受け解析を行う
  CaboCha cabocha = CaboCha.getInstance();
  List<Chunk> chunkList
    = cabocha.analyze("今日はおいしいご飯を食べたい。");
  cabocha.close();

  //文の最後の文節に係る文節を列挙して表示する例
  for (Chunk c : chunkList) {
   if (c.dependNo == -1) {
    System.out.println("「" + c.text + "」に係っている文節");
    for(Chunk c2 : c.dependents){
     System.out.println(c2.text);
    }
   }
  }
 }
}
```

リスト3-8　CaboCha.java

```
package chapter3;

import java.io.BufferedReader;
import java.io.BufferedWriter;
import java.io.IOException;
import java.io.InputStreamReader;
import java.io.OutputStreamWriter;
import java.io.PrintWriter;
import java.util.ArrayList;
```

```
import java.util.List;

/** CaboCha による係り受け解析を行う */
public class CaboCha {

 // シングルトンパターン
 private static CaboCha cabocha = null;

 /** Cabocha 実行のパスとオプションの指定 */
 private final String PATH = "cabocha";
 private final String OPT = "-f1";

 /** Cabocha の実行プロセスと入出力 */
 Process process;
 BufferedReader br;
 PrintWriter pw;

 /** コンストラクタ */
 private CaboCha() {

  try {
   /* Cabocha のプロセスを起動 */
   ProcessBuilder pb = new ProcessBuilder(PATH, OPT);
   process = pb.start();
   System.out.println("*** Cabocha 解析中 ***");
   br = new BufferedReader(
     new InputStreamReader(process.getInputStream()));
   pw = new PrintWriter(new BufferedWriter(
     new OutputStreamWriter(process.getOutputStream())));
  } catch (IOException e) {
   e.printStackTrace();
  }
 }
```

```
/** 入力文の文字列を与えると解析結果を文節リストとして戻す */
public List<Chunk> analyze(String inputText) {

  System.out.println("解析文：" + inputText);

  /* 入力テキスト inputText を Cabocha に送る */
  pw.println(inputText);
  pw.flush();

  /* Cabocha の解析結果を 1 行ずつ取り出す */
  List<Chunk> chunkList = new ArrayList<Chunk>();
  String line;

  Chunk chunk = null;
  try {
    //1 行ずつ読み込む
    while ((line = br.readLine()) != null) {
      // 確認のため解析内容を出力
      System.out.println(line);

      if (line.equals("EOS")) {// もし EOS ならば終了
        break;
      } else if (line.startsWith("*")) { // 文節情報の取得
        chunk = new Chunk();
        String[] split = line.split(" ", 4);
        int index = split[2].indexOf("D");
        chunk.dependNo = Integer.parseInt(split[2].substring(0, index));
        chunkList.add(chunk);
      } else {// 形態素情報の取得
        Word word = MeCab.createWordFromLine(line);
        chunk.words.add(word);
        chunk.text += word.text;
```

```
        }
      }
    } catch (IOException e) {
      e.printStackTrace();
    }

    // 係り先の文節と係り元情報の追加
    for (Chunk c : chunkList) {
      if (c.dependNo != -1) {
        Chunk c2 = chunkList.get(c.dependNo);
        c.depend = c2;
        c2.dependents.add(c);
      }
    }
    return chunkList;
  }

  /** 解析終了後の後処理 */
  public void close() {

    try {
      br.close();
      pw.close();
      process.destroy();
      cabocha = null;
    } catch (IOException e) {
      e.printStackTrace();
    }
    System.out.println("*** Cabocha 解析終了 ***");
  }

  /** CaboCha クラスのインスタンスを戻す */
  public static CaboCha getInstance() {
```

```
    if(cabocha == null){
      cabocha = new CaboCha();
    }
    return cabocha;
  }
}
```

リスト3-9　Chunk.java

```
package chapter3;

import java.util.ArrayList;
import java.util.List;

/** 文節情報を表現するクラス */
public class Chunk {

  public String text ="";                   // 表層テキスト
  public List<Word> words;                  // 構成要素の単語リスト
  public int dependNo;                      // 係り先の文節番号
  public Chunk depend;                      // 係り先の文節
  public List<Chunk> dependents;            // 係り元の文節リスト

  /** コンストラクタ */
  public Chunk(){
    words = new ArrayList<Word>();
    dependents = new ArrayList<Chunk>();
  }
}
```

CaboChaのanalyzeメソッドでは，3.2節で説明したMeCabの起動と同様にCaboChaのプロセスを起動し，入力テキストをCaboChaに送ります．CaboChaの解析結果を1行ずつ読み込み，以下のルールでChunkのリストを構築します．

ルール

(1) もし「EOS」と一致した場合は解析を終了します．
(2) (1)以外で，もし「*」から始まる場合は，Chunk オブジェクトを新規に作成し，取得した係り先番号を dependNo にセットします．Chunk オブジェクトを chunkList に追加します．
(3) (1)と(2)以外の場合は，Word オブジェクトを新規に作成し，取得した形態素情報をセットします．現在の Chunk に作成した Word オブジェクトを追加します．

CaboCha の解析結果は，「*」で始まる行から次の「*」で始まる行の 1 行前までが 1 つの文節の情報を表します．「*」で始まる行に，その文節の文節番号と係り先番号が含まれており，その次の行から，次の「*」で始まる行の前までが，その文節に含まれる単語の情報となります．そこで，「*」で始まる行が現れたときに Chunk オブジェクトを作成し，次の「*」が現れるまで，単語の情報をその Chunk オブジェクトの words に追加していきます．

以下は TestCaboCha.java を実行したときの出力結果例です．

```
*** Cabocha 解析中 ***
解析文：今日はおいしいご飯を食べたい。
* 0 3D 0/1 -1.879146
今日	名詞,副詞可能,*,*,*,*,今日,キョウ,キョー
は	助詞,係助詞,*,*,*,*,は,ハ,ワ
* 1 2D 0/0 1.784011
おいしい	形容詞,自立,*,*,形容詞・イ段,基本形,おいしい,オイシイ,オイシイ
* 2 3D 0/1 -1.879146
ご飯	名詞,一般,*,*,*,*,ご飯,ゴハン,ゴハン
を	助詞,格助詞,一般,*,*,*,を,ヲ,ヲ
* 3 -1D 0/1 0.000000
食べ	動詞,自立,*,*,一段,連用形,食べる,タベ,タベ
たい	助動詞,*,*,*,特殊・タイ,基本形,たい,タイ,タイ
。	記号,句点,*,*,*,*,。,。,。
EOS
*** Cabocha 解析終了 ***
「食べたい。」に係っている文節
今日は
ご飯を
```

CaboCha による係り受け解析の結果，4 つの Chunk オブジェクトが作成されます．Chunk オブジェクトどうしの関係は**図 3-19** のようになります．各 Chunk オブジェクトの depend は係り先の Chunk オブジェクトを参照しています．dependents は係り元の Chunk オブジェクトへの参照のリストです．たとえば「今日は」を表す Chunk オブジェクトのフィールド depend は「食べたい。」を表す Chunk オブジェクトを指しています．係り元はないため，dependents は null になっています．「食べたい。」を表す Chunk オブジェクトは，係り先がないため depend が null になっており，dependents は「今日は」と「ご飯を」を表す Chunk オブジェクトへの参照のリストになっています．

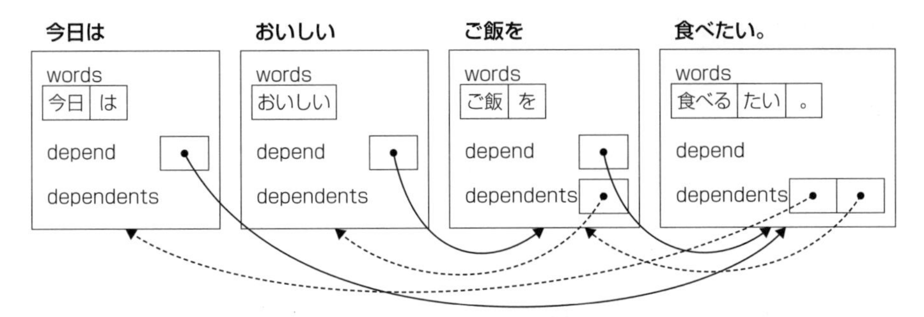

図 3-19 各 Chunk オブジェクトの係り先と係り元の関係（実線：係り先，破線：係り元）

演習問題

問 3.1

「こころ」のコーパスで使われている形容詞の出現回数順ランキングを作成してみましょう．

問 3.2

前問においてランキング1位の形容詞が含まれる文節をすべて抽出し，各文節に含まれる名詞の出現回数ランキングを作成しましょう．次に，今度は逆に各文節に係っている文節をすべて抽出し，上記と同様に抽出した各文節に含まれる名詞の出現回数ランキングを作成しましょう．

参考

この演習問題を応用すると，アンケート調査の自由記述文から因果関係を抽出することができます．たとえばスマートフォンのある機種に対する不満調査結果から，「嫌だ」という単語に係る単語を並べてみると「遅い」「入る」が上位にあり，「遅い」に係る文節のなかの名詞として「反応」，「入る」に係る文節のなかの名詞として「雑音」があれば，反応速度や雑音が不満の原因であると考えられます．

4章
自然言語の意味理解

自然言語で書かれた文章や発話文は，目的なく羅列された単語の列ではなく，書き手や話し手がなんらかの意図をもってなにかの出来事や考えを表現したものです．このような文や文章が表現している意味内容をコンピュータに理解させることは，挑戦的な技術課題です．現在はまだ完成された技術といえませんが，着実に研究が進められ，とくに最近は機械学習の応用が盛んに試みられています．本章では，コンピュータに自然言語の意味を理解させるための技術について説明します．

4.1 意味理解とは

4.1.1 意味理解の必要性

情報検索の分野では，文書の内容をそのなかに出現する単語（自立語）の集合として表現する方法がしばしば用いられます．しかし，この方法では文書が表す意味内容を十分に捉えることはできません．例として次の 3 つの文を考えてみます．

(1) 太郎が花子に勉強を教えた．
(2) 太郎に花子が勉強を教えた．
(3) 太郎に花子が勉強を教わった．

文を自立語の集合として表現する場合，(1)と(2)は同じ集合 {太郎，花子，勉強，教える} となりますが，文が表す意味は真逆です．一方，(3)は(1)と異なる単語集合｛太郎，花子，勉強，教わる｝となりますが，観点が異なるだけで(1)と同じ出来事について述べています．

また，次の(4)，(5)は自立語のみを考えた場合どちらも(1)と同じ集合となりますが，これらの文が表す意味は(1)と同じではありません．

(4)　太郎は花子に勉強を教えなかった．（否定）
(5)　太郎は花子に勉強を教えたそうだ．（伝聞）

さらに，次の(6)はいままでの文とは異なる「数学」という単語が使われていますが，そうかといって無関係な内容の文ということではなく，「数学」が「勉強」の一種であることから，(1)の内容をより具体的に特殊化して述べた文と考えることができます．

(6)　太郎が花子に数学を教えた．

このような文の意味の同等性や違い，関連性を正しく理解することは，対話システムにおけるユーザの発言内容や，商品レビューなど意見を述べた文の意味を正しく捉えるために不可欠です．そのためには，単語の意味（異なる単語の意味的関連など）および文の意味（文中の名詞が述語に対して果たす役割や，文末表現の意味）を理解する必要があります．

さらに，応用タスクによっては個々の文の意味だけでなく文章全体としての意味を考えたい場合もあるでしょう．まとめると，言語の意味は**図4-1**のようにさまざまな要素から成り立っていると考えられます．この図の各要素について次項以降で見ていきます．

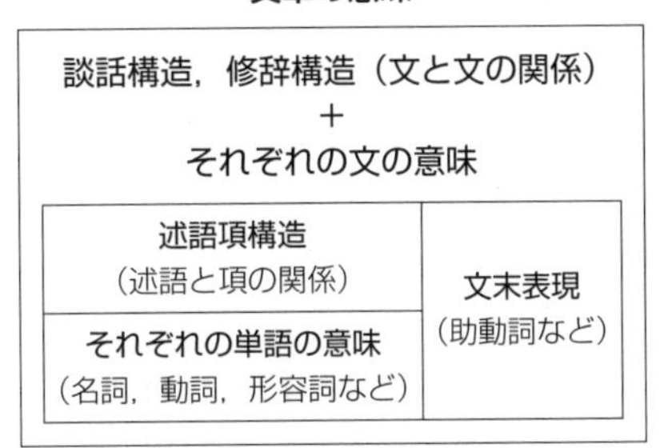

図4-1　言語の意味の構成要素

4.1.2　単語の意味

単語は言語においてまとまった意味と機能をもつ最小の単位であり，文の意味はその構成要素である単語の意味から組み上げられます．とくに，名詞，動詞，形容詞などの自立語（内容語）は具体的な意味内容をもち，それぞれなんらかの**概念**を表しているといえます．概念をコンピュータで扱う方法として，次に述べる3つの方法が考えられます．

1つめの方法は，1つの概念をより細かい要素や概念の組合せに分解する方法です．たとえば，「少年」という単語の意味は「年が若い」と「男性」という2つの概念の組合せと考えることができ，「パソコン」は「個人向け」と「コンピュータ」の組合せと考えられます．また，語彙（ごい）意味論の一種である**語彙概念構造**という理論では，動詞の意味を基本的な意味要素の組合せとして記述します．**表4-1**の例では，「教わる」という動詞の意味を，BECOME，BE，MOVEといった基本的な要素の組合せで表しています．

表4-1　語彙概念構造の例

動　詞	（*z* が *x* に *y* を）教わる
意　味	[BECOME [*z* BE WITH [*y* MOVE FROM *x* TO *z*]]]

2つめの方法は，類似した概念をカテゴリ分類したり，階層的に体系化したりする方法です．たとえば少年は人間の一種なので，「少年」という概念は「人間」

というカテゴリに属します．同様に，「パソコン」は「人工物」カテゴリに属すると考えることができます．また，逆に「パソコン」の下位カテゴリとして「デスクトップパソコン」や「ノートパソコン」を考えることもできます．多数の概念を階層的に体系化したものを**概念体系**あるいは**シソーラス**と呼びます．これらについては 4.2 節で説明します．

3つめの方法は，ある単語がコーパスでどのような使われ方をしているかに着目する方法です．具体的には，その単語が使われた前後の文脈にどのような単語が出現するかの統計的傾向を調べて，これがこの単語の意味的特徴を表していると考えます．たとえば，「少年」という単語の前後には「学校」，「野球」，「走る」，「遊ぶ」，「明るい」，「活発」などの単語が比較的多く出現するかもしれません．また「パソコン」の前後には「インターネット」，「ファイル」，「起動」，「操作」，「速い」，「高価」などの単語が多く出現するかもしれません．このアプローチについては 4.3 節と 4.4 節で説明します．

4.1.3　文の意味

一般に，文の意味は命題内容とモダリティから構成されています．**命題内容**は，その文が記述している出来事や状況，関係，性質のことであり，文の述語（動詞，形容詞など）とそれを修飾する名詞句などによって表現されるものです．**モダリティ**は，命題内容に対する書き手（話し手）の主観的態度であり，主に動詞の活用形や助動詞，終助詞などの文末表現によって表現されます．たとえば「太郎は花子に勉強を教えたそうだ」という文の意味は，「太郎が花子に勉強を教えた」という命題内容と「そうだ」という文末表現で示される書き手の伝聞というモダリティから構成されていると分析することができます．

命題内容は，中心となる**述語**と，述語に対してなんらかの意味的役割をもつ**項**（名詞句で表されることが多い）から構成されます．これを**述語項構造**（predicate-argument structure）と呼びます．述語項構造は述語論理式で表すことができます．例として「太郎が図書館で本を読んだ」という文の命題内容を表す述語論理式を以下に示します．

$$\exists x \exists y\ (\ \mathrm{read}(\mathrm{taro},\ x,\ y) \wedge \mathrm{book}(x) \wedge \mathrm{library}(y)\ )$$

この場合，read という述語記号の第1引数は「読む」という動作の主体，第 2 引数は対象，第 3 引数は場所を表すとあらかじめ決めておきます．なお，述語項構造を論理式で表す方法は一通りではありません．次に挙げる論理式では，出来事を表すイベント変数 e を導入して，出来事の種類と時制，各項の意味役割を明示的に示しています．

$$\exists e \exists x \exists y\ (\ \mathrm{read}(e) \wedge \mathrm{past}(e) \wedge \mathrm{agent}(e,\ \mathrm{taro}) \wedge \mathrm{object}(e,\ x) \wedge \mathrm{book}(x) \wedge \mathrm{place}(e,\ y) \wedge \mathrm{library}(y)\ )$$

論理式は個体と述語の区別，全称と存在の区別，定・不定の区別などを明確に表現できる厳密さがある一方，コンピュータによる計算処理が複雑になったり柔軟性に欠けたりする欠点もあります．柔軟性を重視する場合，述語項構造を単純なグラフ構造で表現することも多く行われています．たとえば「太郎が図書館で本を読んだ」という文の命題内容は，**図 4-2** のように表現されます．

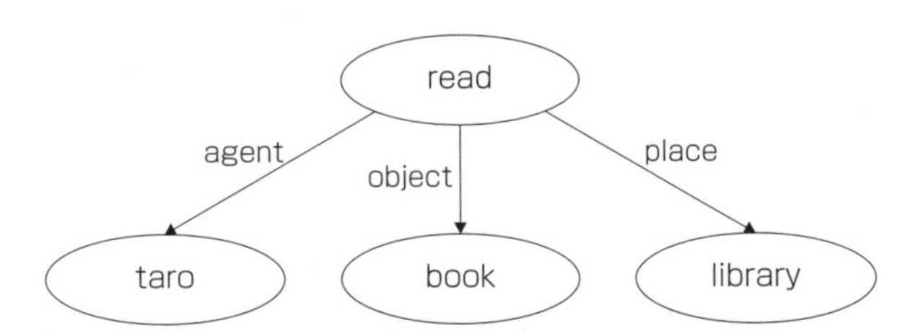

図 4-2　「太郎が図書館で本を読んだ」の意味表現

図 4-2 で，それぞれの頂点は述語および項の概念を表し，辺に付与されたラベルはそれぞれの項の意味役割，つまり深層格を表しています．与えられた文を解析してこのような意味表現を作り出す処理については 4.5 節で説明します．

文のもう 1 つの要素であるモダリティは，大きく分けると次の 2 種類に分類できます．

1. **対事的モダリティ**：命題内容に対する書き手（話し手）の判断を表す．
真偽判断（確言，推量，伝聞など），価値判断（必要，適当，容認）
2. **対人的モダリティ**：読み手（聞き手）に対する発話態度を表す．
述べ立て，表出，働きかけ（命令，依頼など），問いかけ（疑問）

商品レビューの意見分析などの応用では，対事的モダリティを正しく理解することが重要です．一方，対話システムでは，ユーザの発言意図を理解するために対人的モダリティが重要となります．

4.1.4　文章の意味

文章は，意味的に関連し合った複数の文の集まりです．複数の文が作る意味的構造を**談話構造**（discourse structure）または**修辞構造**（rhetorical structure）と呼びます．文章で述べられている出来事や考えの内容を理解するためには，この意味的構造を理解する必要があります．ここではマン（William C. Mann）とトンプソン（Sandra A. Thompson）による修辞構造理論[†13]について紹介しましょう．

修辞構造理論では，文章中の隣り合った2つの部分がなんらかの意味的関係（**修辞関係**）で結び付けられ，その結果，より大きな部分が形成される，と考えます．これを繰り返すことで，文章中のそれぞれの文や節を葉とし，文章全体が根となる木構造が形成されます．例として，短い文章とその修辞構造を以下に示します．

[†13] William C. Mann and Sandra A. Thompson, Rhetorical Structure Theory : Toward a Functional Theory of Text Organization, Text 8(3), pp. 243-281, 1988.

1. 先週の日曜日，本校のサッカーチームが予選大会に出場し，見事勝利を収めました.
2. 試合の前半は，パスのミスが続くなど苦しい展開となりました.
3. その後，後半に入ってからシュートが連続して決まり，結局 2 対 1 で隣町のチームに勝利しました.
4. この結果，本校のチームは来週から始まる決勝トーナメントに出場することになりました.

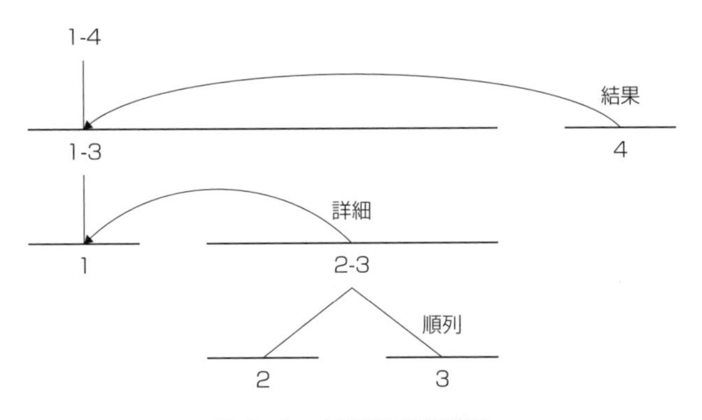

図 4-3　文章例の修辞構造

図 4-3 で辺に付与されたラベルは，修辞関係の種類を示しています．修辞関係の種類には次のようなものがあります．

- 詳細（elaboration）　内容を詳細に述べる
- 状況（circumstance）　状況の補足的な情報
- 順列（sequence）　出来事の時間的順序
- 原因（cause）　出来事などの原因
- 結果（result）　出来事などの結果

ほかに，並列，対比，目的，条件，根拠，例示などの関係があります．修辞関係は，しばしば接続語のような手がかり表現によって明示されます．上の文章例では，「その後」，「この結果」という接続語がそれぞれ順列と結果の関係を示しています．

与えられた文章の修辞構造を自動的に求める処理を**修辞構造解析**といいます．手がかり表現が使用されている場合は比較的容易に修辞関係を決定することができますが，手がかり表現が使われない場合も多く，その場合は述語の種類や文末表現，時制，文の主題などさまざまな情報を参照して総合的に判断する必要があります．そのために機械学習の手法が利用されます．

4.1.5　意味に対する操作

これまでに述べたいずれかの方法により，単語や文，文章の意味をデータ構造として表現したのち，応用タスクの目的に応じてそのデータに対しなんらかの操作を行います．意味表現に対して共通に用いられる操作の種類として，次の 3 つが挙げられます．

①フィルタリング

フィルタリングは，なんらかの意味的制約を満たす単語や文，文章のみを抽出する，または逆に除外する処理です．具体例としては，文章中に出現する単語のうち特定の意味カテゴリに属する単語のみを抽出する処理や，対話システムにおける応答生成のための IF-THEN ルールの前件部に指定された意味構造パターンにユーザが入力した発話文が該当するか照合する処理などが考えられます．

②推論

推論は，ある文（または文章）から推論できる文を求める，または与えられた 2 つの文が含意関係にあるか判定する処理です．とくに後者を**含意関係認識**といいます．単語レベルでは概念体系やシソーラスが利用できます．これに述語項構造や文末表現の種類を考慮することで，文間の推論の判定を行います．論理的で厳密な処理のように思われますが，自然言語の多様な言い換え表現や暗黙的な前提などを扱うために，ここでも機械学習の技術が利用されます．応用タスクとしては，質問応答システムや情報抽出，文書要約などが想定されます．

③類似性判定

類似性判定は，与えられた 2 つの単語または文，文章の意味的類似度を求める処理です．通常，類似度は [0, 1] の範囲の実数で表します．単語どうしの類似度を求める方法については，次節以降で複数の種類の方法を説明します．文や文章の類似度は，単語どうしの類似度を基に，それぞれの意味構造を考慮して計算することになります．類似性判定は，単語や文書のクラスタリング，情報推薦，情報検索，ある単語と類似度が高い単語を求める連想処理などに応用することができます．

4.2 概念体系とシソーラス

本節から 4.4 節までは，単語の意味を扱う方法について説明します．まず本節では，人手で構築された概念体系やシソーラスと呼ばれる一種の辞書を利用する方法を紹介します．続いて 4.3 節と 4.4 節で，コーパスを用いた統計的アプローチについて説明します．

4.2.1 単語と概念の関係

自然言語には曖昧性があり，1 つの表現が 2 つ以上の意味に解釈できることがあります．逆に，1 つの意味内容を表すのに使うことができる言語表現は一般に複数存在します．つまり，言語表現と意味内容は多対多の対応関係にあるといえます．

これを単語レベルで考えると，2 つ以上の意味をもつ単語（**多義語**）や，同じ意味を表す複数の単語（**同義語**）が存在します．単語が表す意味を**概念**（concept）と呼ぶことにすると，単語と概念の間に多対多の対応関係があることになります．次の**図 4-4** はその一例です．「ドライバー」という単語は 3 つの意味をもつ多義語であり，「運転手」と「ドライバー」，「ドライバー」と「ねじ回し」はそれぞれ同じ概念を表す同義語です．

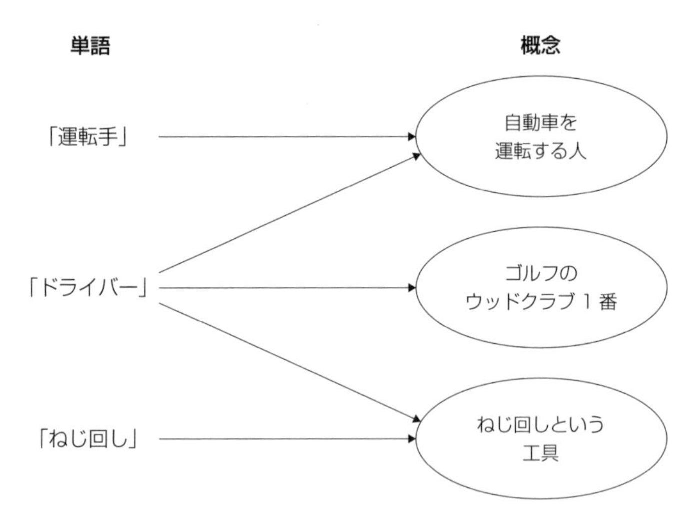

図４-４　単語と概念の多対多対応

図 4-4 のなかの「自動車を運転する人」や「ゴルフのウッドクラブ 1 番」は概念の内容を示す名前です．概念は単語のように客観的に明示されるものではなく，主観的なイメージといったものなので，コンピュータで扱うためには人手でさまざまな概念を列挙してそれぞれにユニークな名前や識別番号を割り振る必要があります．このようにして概念を表すデータを集めたものを**概念辞書**と呼びます．概念辞書の例を以下の**表４-２**に挙げます．

表４-２　概念辞書の例

辞書名	概念に対応するものの名称	収録概念数
日本語 WordNet	synset（同義語集合）	約６万
EDR 電子化辞書	概念（概念識別子）	約 41 万
日本語語彙大系	意味属性	約３千

これらの概念辞書では，上の図 4-4 に示したような日本語の単語と概念の間の対応関係が定義されています．また次項で説明するように，概念間の関係に着目することによって概念の集合が階層的に体系化されています．さらに EDR 電子

化辞書と日本語語彙大系では，文における述語と項の概念に関する制約を記述した格フレーム辞書（4.5.2 項で後述）も一緒に提供されています．このように形式としてはよく似ている概念辞書であっても，その内容，つまり，なにを概念として設定するか，概念の詳細度，ある単語の意味を何種類に分けて考えるかなどについては，はっきり決まった基準があるわけではなく，概念辞書によってそれぞれ異なっています．

4.2.2 概念の体系化とシソーラス

概念間の関係としては上位下位関係がよく使われます．2 つの概念 X と Y が「X は Y の一種である」という関係にあるとき，X を Y の**下位概念**，Y を X の**上位概念**といいます．多数の概念からなる概念辞書では通常，概念間の関係をわかりやすく示すために概念を上位下位関係に基づき階層的に体系化しています．これを**概念体系**といいます．例として，日本語 WordNet の概念体系の一部を**図 4-5** に示します．

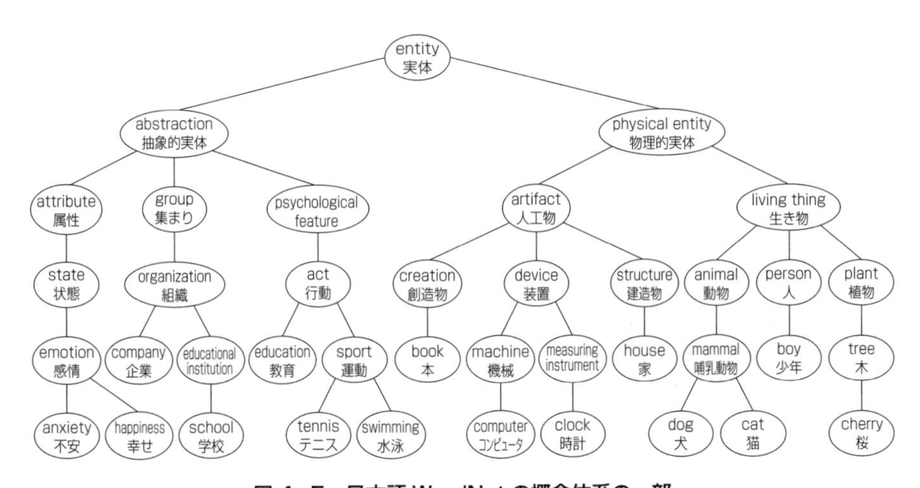

図 4-5　日本語 WordNet の概念体系の一部

概念体系によっては，1 つの概念が複数の親概念をもつこと（いわゆる多重継承）を許す場合があります．たとえば，日本語 WordNet では犬の上位概念として「犬科の動物」と「家畜」の 2 つが与えられています．このような場合，概念体系は木構造ではないため注意が必要です．

概念体系のそれぞれの概念には，その概念を表しうる単語が対応付けられています．これを単語の側からみると，多数の単語が概念（意味カテゴリといってもよい）によって階層的に分類されていると考えることができます．このように単語がその意味内容に基づいて分類されている辞書を，一般に**シソーラス**（thesaurus）といいます．日本語の階層的シソーラスとしては，前項で紹介した日本語 WordNet，EDR 電子化辞書，日本語語彙大系のほか，国立国語研究所で開発された分類語彙表があります．

4.2.3　WordNet

WordNet はプリンストン大学の心理学者ミラー（George A. Miller）らによって 1980 年代から継続して開発が進められている英語の階層的シソーラスです．自然言語処理の研究で広く利用されており，近年では英語以外のさまざまな言語の WordNet の開発も盛んに進められています．**日本語 WordNet** はそのような試みの 1 つで，ボンド（Francis Bond）らによって元の WordNet のデータに日本語を付与する形で構築された日本語のシソーラスです．現在の版（Wn-Ja 1.1）は約 15 万語の日本語単語を約 6 万個の synset（後述）によって体系化しています．WordNet の特長は無償で配布されていることで，プリンストン大学の WordNet も日本語 WordNet も Web からデータをダウンロードして自由に使うことができます．また，Web ページ上で簡単な検索を試すこともできるようになっています．

WordNet は，同じ意味を表すのに使える単語の集合である **synset**（同義語集合）というものを単位として体系化されています．日本語 WordNet における synset の例を次に挙げます．

{ ドライバー, 運転者, ドライバ, ドライヴァー, 運ちゃん, 運転手 }

これは自動車を運転する人を表す単語の集合です．前にみたように「ドライバー」という単語は多義語であり，ほかにもいくつかの意味をもちます．これに対応して，「ドライバー」という単語を含む synset は次に例を挙げるように複数存在します．

{ ドライバー, ドライバ, 1 番ウッド }

{ スクリュードライバー, 螺旋回し, ドライバー, 螺子回し, 螺旋回, ドライヴァー, ねじ回し, 螺子回, ねじ回 }

これらの synset は「ドライバー」がもつそれぞれの意味に対応しています．つまり，synset は単語の集合であるとともに，1つの概念を表していると考えられます．

WordNet の synset は，上位下位関係（hypernym / hyponym），全体部分関係（holonym / meronym）などの関係で相互に結び付けられています．日本語 WordNet における synset 間の相互関係の例を**図 4-6** に示します．

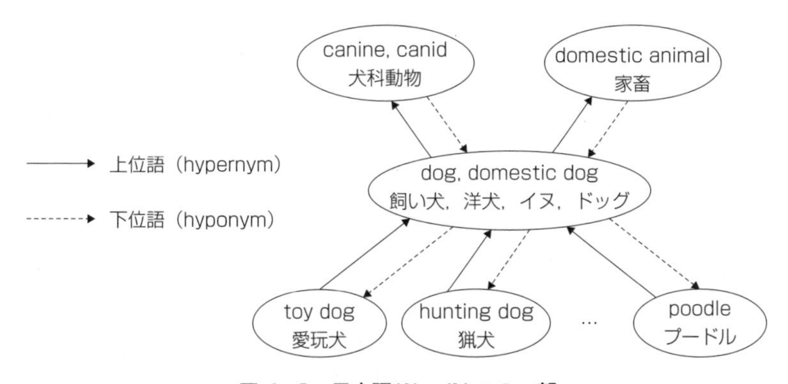

図 4-6 日本語 WordNet の一部

4.2.4　シソーラスに基づく単語の類似度の定義

階層構造をもつ概念体系やシソーラスにおける位置関係を利用して，2つの単語（または概念）の意味的類似性を大まかに把握することができます．深い階層で交わる単語（概念）ほど意味的に類似していて，浅い階層まで遡らないと交わらない単語（概念）はあまり類似していないと考えるのです．シソーラスを用いた単純な指標として，2つの単語（概念）のシソーラス上の距離を両者の意味的な距離と定義する方法があります．たとえば，次の**図４-７**で「犬」と「猫」をつなぐ最短経路は〈犬，哺乳類，猫〉でその長さは2なので，「犬」と「猫」の距離は2となります．同様に，「犬」と「パソコン」の距離は5となります．

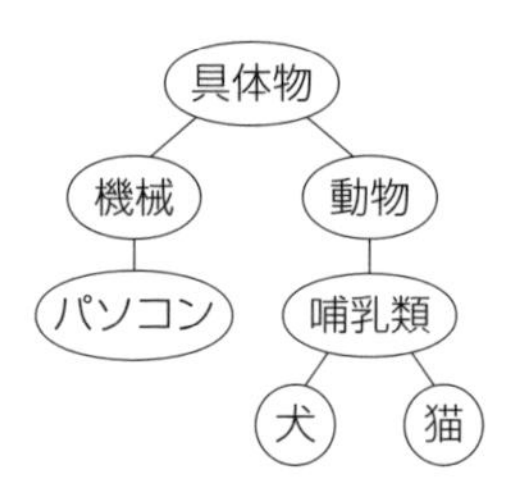

図４-７　シソーラスの例

この方法は簡単ですが，1つのシソーラスのなかでも浅い階層と深い階層とでは分類の粒度が異なるため，必ずしも適切な類似性の指標となりません．そのため，シソーラス上の相対的な位置関係だけでなく絶対的な位置を考慮する定義や，単語の情報量に基づく定義が試みられています．ここでは，単純な計算式にもかかわらずよく利用される「**ウー**（Zhibiao Wu）**とパルマー**（Martha Palmer）**による類似度の定義**[†14]」を紹介します．

2つの単語 w_1, w_2 に共通する上位概念（カテゴリ）のうち最も w_1, w_2 に近いもの（言い換えれば，深い階層にあるもの）をLCS（least common superconcept）と記すとき，w_1 と w_2 の**類似度**を次の式で定義します．

$$\mathrm{similarity}(w_1, w_2) = \frac{\mathrm{depth}(LCS) \times 2}{\mathrm{depth}(w_1) + \mathrm{depth}(w_2)}$$

[†14] Zhibiao Wu and Martha Palmer, Verb Semantics and Lexical Selection, in Proc. 32nd annu. meeting on ACL, pp.133-138, 1994.

ここで depth は単語または概念のシソーラス上の深さ（最上位ノードからの距離）を表します．たとえば，先ほどの例では，「犬」と「猫」の LCS は「哺乳類」なので

$$\text{similarity}(\text{犬}, \text{猫}) = \frac{\text{depth}(\text{哺乳類}) \times 2}{\text{depth}(\text{犬}) + \text{depth}(\text{猫})} = \frac{2 \times 2}{3+3} \fallingdotseq 0.67$$

となります．同様に，「犬」と「パソコン」の LCS は「具体物」で，その深さは 0 ですから similarity（犬，パソコン）＝0×2／（2+3）＝0 となります．

シソーラスのデータさえあれば 2 つの単語（または概念）の意味的類似度が容易に計算できるため，単語のクラスタリングや類似性判定，さらに文や文章の間の類似度計算の基礎として，広く用いられています．

4.2.5 概念体系やシソーラスに基づく方法の問題点

単語や概念を階層的に分類した概念体系やシソーラスを利用することで，単語（とくに名詞）の意味的特徴や類似性を考慮した処理を容易に実現することができます．

その一方で，このアプローチには次のような問題点もあります．まず，基本的に手作業で作成された辞書であるため，網羅性に限界があります．自然言語は膨大な語彙をもち，既存の単語に新たな意味が加わるとか，新しい単語が生まれるなど絶えず変化しています．このような自然言語の膨大さと変化に対応し，整合性にも配慮して辞書をメンテナンスしていくには多大な労力が必要です．

また，同じ単語でも分野によって意味合いが異なることがしばしばあります．さらに，階層的な分類を行う際は分類の観点を 1 つに定める必要がありますが，本来それぞれの単語がもつ意味には多様な側面があるため，その一部しか考慮できていないことになります．

このような問題点に対して，概念辞書やシソーラスの代わりにコーパスを利用し，コーパスでどのような使われ方をしているかに着目して単語の意味を捉える方法がいくつか提案されています．続く 4.3 節と 4.4 節ではこのようなアプローチについて説明します．

演習 4.1　日本語 WordNet を使ってみる

プリンストン大学の WordNet や日本語 WordNet を使った応用システムを開発する場合，それぞれの公式 Web サイトからシソーラスのデータをダウンロードして，そのデータをなんらかのツールで処理するか，自分で検索プログラムを作成することになります．このような場合に利用可能な，さまざまなプログラム言語に対応したフロントエンドやライブラリもいくつか公開されています．たとえば，Java のライブラリとしてカーネギーメロン大学の嶋英樹氏が開発した JAWJAW があります．本書では，このようなシソーラスのデータや関連ライブラリを使用したプログラミングについては立ち入らず，公式 Web サイト上で手軽に試すことができるオンライン検索の方法についてのみ説明します．

公式 Web サイトでの検索方法

プリンストン大学の WordNet と日本語 WordNet とでは操作方法や画面の表示内容が大体同じなので，ここでは日本語 WordNet を例に説明していきます．まず日本語 WordNet の公式 Web サイト[†15]にある「WordNet 検索」というリンクをクリックし，検索画面に移ります．ここで調べたい単語を１つテキストボックスに入力してボタンをクリックすると，その単語を含む synset（その単語の意味に相当）の一覧が図 4-8 のように表示されます．

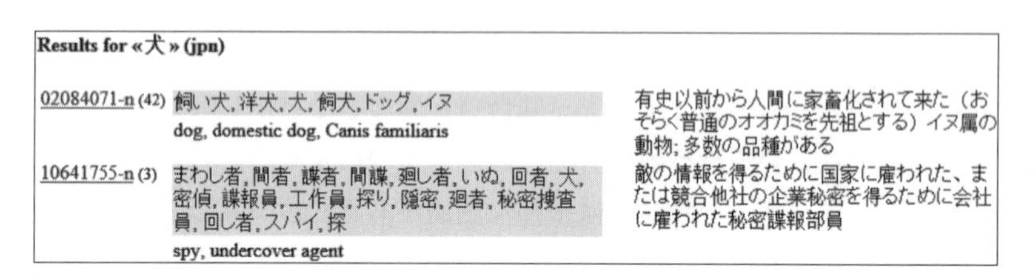

図 4-8　日本語 WordNet の単語検索結果

左端に表示されている synset 番号をクリックすると，その synset の詳細情報を示す画面に移ります．この画面には，synset を構成する同義語のリスト（日

†15 http://compling.hss.ntu.edu.sg/wnja/

本語，英語)，意味内容を説明する定義文と例文（日本語，英語)，およびこの synset と上位語（hypernym)，下位語（hyponym)，全体語（holonym)，部分語（meronym）などの関係にある synset へのリンクなどが含まれます（**図 4-9**).

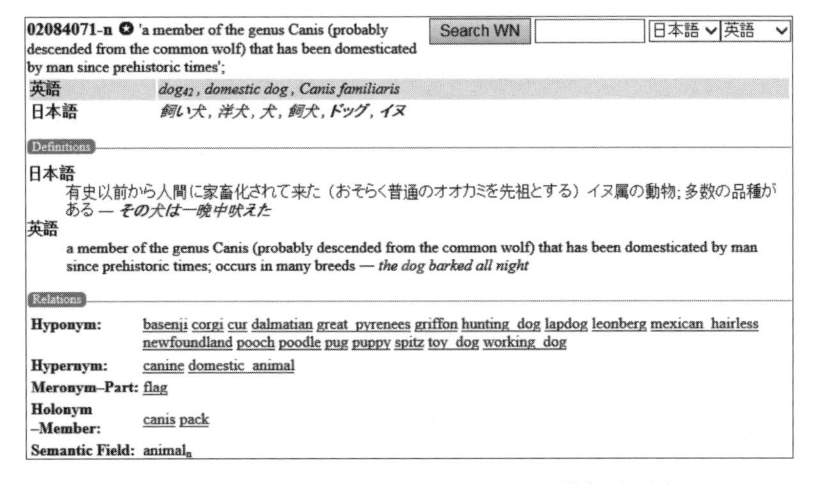

図 4-9　日本語 WordNet の synset の詳細情報（一部）

ここで，synset へのリンクをクリックすると，その synset の詳細情報画面に移り，さらに続けて調べていくことができます．

使用例① WordNet の最上位層を確認する

ある単語から出発して，次々と親ノードを辿っていくことにより，日本語 WordNet の最上位層がどのようになっているか調べてみましょう．WordNet は一般名詞，固有名詞，動詞，形容詞を含んでいますが，品詞によって階層構造や定義されている関係の種類が異なります．ここでは「犬」という単語から出発して一般名詞の階層構造を調べます．

「犬」の詳細画面で上位語（hypernym）は 2 つ表示されていますが，ここでは domestic animal（家畜）を選んでクリックします．次に「家畜」の詳細画面で上位語 animal（獣）をクリックし，さらに「獣」の詳細画面で，というように繰り返し上位語を辿っていくと，下記のようにentity（実体）まで辿ったところで，その先の上位語が存在しなくなります．このentity（実体）がWordNetの一般名詞階層の最上位ノードです．

dog, domestic dog, Canis familiaris（飼い犬，洋犬，犬，ドッグ）
　domestic animal（家畜）
　　animal, creature, beast, ...（獣，アニマル，動物, ...）
　　　organism, being（有機体，生活体，生体，生物）
　　　　living thing, animate thing（生き物）
　　　　　whole, unit（全体，全般，一統，総体）
　　　　　　object, physical object（物，もの）
　　　　　　　physical entity（物理的な存在がある実体）
　　　　　　　　entity（実体）

このentity（実体）の詳細画面で下位語（hyponym）の欄を見ると，次の3つがあります．これらが一般名詞階層の最上位の大分類ということになります．

・ abstraction（抽象的実体）
・ physical entity（物理的な存在がある実体）
・ thing（品，物品，物件）

これらの次の階層，さらに次の階層がどのような種類に分けられているか，ぜひ調べてみてください．

使用例② 2つの単語の類似度を求める

次に，例として，「犬」と「パソコン」の意味的類似度を 4.2.4 項で紹介したウーとパルマーの定義に基づいて求めてみたいと思います．

先ほどと同様に「パソコン」という単語を日本語 WordNet で検索し，その上位語を繰り返し辿っていきます．先ほど「犬」について調べた結果と合わせると，シソーラス上の両者の位置関係は次の**図 4-10** のようになります．

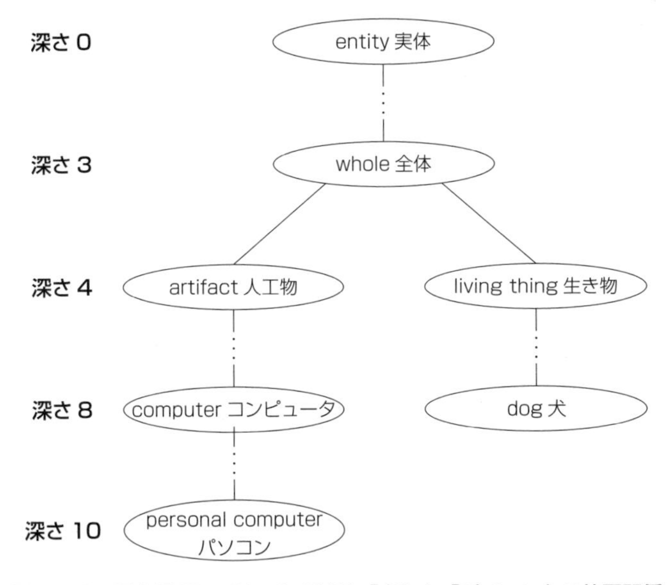

図 4-10　日本語 WordNet における「犬」と「パソコン」の位置関係

よって，以下のようになります．

$$\text{similarity}(\text{犬}, \text{パソコン}) = \frac{\text{depth}(\text{全体}) \times 2}{\text{depth}(\text{犬}) + \text{depth}(\text{パソコン})} = \frac{3 \times 2}{8 + 10} \fallingdotseq 0.33$$

4.3 単語の共起関係と意味

4.3.1 分布意味論

分布意味論（distributional semantics）は，ある単語がどのような文脈に出現しやすいかという出現文脈の統計的傾向が，その単語の意味的特徴を表しているという考えかたです．たとえば，文章中で「パソコン」という単語が使われるとき，その前後には「インターネット」，「ファイル」，「起動」，「操作」，「速い」，「高価」などの単語が比較的多く出現するかもしれません．また，文章中で使われる「スマホ」という単語の前後には「インターネット」，「アプリ」，「起動」，「操作」，「軽い」などの単語が多く出現するかもしれません．「パソコン」と「スマホ」の出現文脈に共通の単語が多く含まれていれば，この2単語の意味に一定の類似性があると考えられます．

別の例として「かっこいい」と「かわいい」の意味の違いについて考えてみましょう．この違いを手短に説明するのは簡単ではありませんが，1つの方法として，それぞれの単語で形容される名詞を列挙して比較するという方法が考えられます．実際，1.4節で紹介したNLBを使って調べると，両方に形容される名詞（例：「人」，「デザイン」）がある一方で，「かっこいい」という形容に偏りがちな名詞（例：「男性」）や，「かわいい」という形容に偏りがちな名詞（例：「子供」，「花」）が存在することがわかります．このように各単語と一緒に使われる単語（共起語）を調べたり比較したりすることによって，単語の意味の類似性や違いを捉えることができます．

分布意味論は「同じ文脈に出現する単語は同じような意味をもつ」という**分布仮説**に基づいています．また，単語が出現する文脈の類似性を**分布類似度**（distributional similarity）といいます．分布意味論に基づく単語の意味表現は，コーパスからその単語の共起語を求めることで得られます．使用するコーパスを変えることで，新語や俗語に対応した意味表現や特定の分野に適応した意味表現を得ることができます．また，一般にある単語の共起語にはさまざまな品詞や意味カテゴリに属す単語が含まれるため，単語の多様な側面を捉えることができます．

4.3.2 共起語と自己相互情報量

文章中である単語と一緒に出現する単語をその単語の**共起語**といいます．詳しく考えると，共起語の定義にはさまざまなバリエーションがあります．まず，「文章中で一緒に出現する」という条件について，次のように複数の定義が考えられます．

(1) 同一文章中に出現する．
(2) 同一文中に出現する．
(3) 前後 n 単語以内に出現する．
(4) 係り受け関係にある文節内に出現する．

また，後述する「共起の度合い」が一定値以上の単語に限定することもあります．さらに，共起語として考える単語から付属語を除外したり，名詞など特定の品詞に限定したりすることもあります．対象の単語が動詞の場合は，しばしばその動詞の格要素（1.2.2 項）を共起語と考えます．格文法は動詞とその格要素との共起関係によって文の意味を捉える考えかたなので，分布意味論の考えかたと共通点があります．格要素の役割は表層格により示されるので，動詞の共起語を考えるとき格要素の主辞と表層格の組合せを共起語として扱うこともあります．

次に，共起語の「共起の度合い」について考えます．最も単純なのは，度合いを考慮しない，つまり 1 回でも共起した単語はすべて均等に扱う方法です．しかし 1 回同じ文脈に現れただけの単語と頻繁に共起する単語を区別したいケースも多いでしょう．2 単語 w_1, w_2 の共起の度合いを表す 1 つの指標は，特定のコーパスにおける w_1 と w_2 の**共起回数** $\mathrm{count}(w_1, w_2)$ です．しかし共起回数は，それぞれの単語 w_1, w_2 自体がこのコーパスに頻出する単語であるか，めったに現れない単語かということに大きく影響を受けます．それぞれの単語の出現の多さの影響をなくすことで単語間の意味的関連の強さをより良く表現すると考えられる指標として，次のように定義される**自己相互情報量**（PMI：Pointwise Mutual Information）がよく用いられます．

$$PMI(w_1,\ w_2) = \log \frac{P(w_1, w_2)}{P(w_1)P(w_2)}$$

$P(w_1)$, $P(w_2)$ は単語 w_1, w_2 のコーパスにおける出現確率，$P(w_1, w_2)$ は w_1 と

w_2 の共起確率を示します．これらの確率値は最尤推定により，コーパスにおける各単語の出現回数 $\mathrm{count}(w_1)$, $\mathrm{count}(w_2)$ および共起回数 $\mathrm{count}(w_1, w_2)$ をコーパスの総単語数 T で割ることによって得られます．これにより，上の式は次のように書き換えられます．

$$PMI(w_1,\ w_2)=\log\frac{T\cdot\mathrm{count}(w_1, w_2)}{\mathrm{count}(w_1)\,\mathrm{count}(w_2)}$$

単語 w_1 と w_2 に意味的関連がなく，互いに独立に出現するとみなせる場合，PMI の値は理論的には 0 となります．一方，w_1 の出現と w_2 の出現に正の相関がある場合は，PMI の値は正となります．PMI を共起の度合いの指標として用いる際，PMI の値が一定の閾値以上の場合（たとえば正の場合）のみ意味のある共起とみなし，その他は度合いを 0 とすることもあります．また，PMI は出現回数が極端に少ない単語（たとえば $\mathrm{count}(w_1)=1$ となる単語）に対して過度に大きな値となる傾向があるため，出現回数が一定回数以下の単語を考慮の対象から除外することもあります．

コーパスに出現する N 個の単語を対象として，それらの任意の組合せに対して共起の度合い（共起回数や PMI）を求めて $N\times N$ 行列の形に表したものを**単語共起行列**といいます（**図 4-11**）．

	犬	学校	…	パソコン
犬	0	4	…	1
学校	4	0	…	7
…	…	…	…	…
パソコン	1	7	…	0

「犬」の共起語ベクトル

図 4-11　単語共起行列

単語共起行列の行ベクトルは，ある単語がどのような共起語をもつかをその共起の度合いとともに表したベクトルとなります．これを，この単語の**共起語ベクトル**といいます．また，ある単語に対して共起の度合いが一定値以上である共起語を**頻出共起語**と呼ぶことにします．頻出共起語は，その単語と意味的関連が強い単語であると考えられます．**表 4-3** に，実際にコーパスから求めた頻出共起語の例を示します．

表４-３ 頻出共起語の例

単 語	頻出共起語
犬	家畜，走り，猫，虎，親方，漫画，あくび
学 校	新入生，欠席，オルガン，医，師範，美術
機 械	一部分，数量，顕微鏡，化学，発明，創造

4.3.3 分布類似度

分布仮説によれば，単語間の意味の類似性はそれぞれの単語が出現する文脈の類似性によって捉えることができます．単語の出現文脈を前節で述べた共起語ベクトルで表すならば，共起語ベクトル間の類似度を考えればよいことになります．ベクトル間の類似度としては，2 つのベクトルがなす角の余弦を類似度とする**コサイン類似度**が一般的です．そこで，単語 w_1, w_2 の共起ベクトルをそれぞれ v_{w1}, v_{w2} とし，これらのベクトルのなす角を θ とするとき，w_1 と w_2 の**分布類似度**は次の式で表されます．

$$\mathrm{similarity}(w_1, w_2) = \cos\theta = \frac{v_{w_1} \cdot v_{w_2}}{|v_{w_1}|\,|v_{w_2}|}$$

この類似度は $[-1, 1]$ の範囲の値をとります．ただしベクトルの成分に負数が存在しない場合は 0 以上の値となります．

別の方法として，共起語ベクトルの代わりに頻出共起語集合を利用する方法もあります．共起の度合いが一定の閾値以上である頻出共起語の集合を 2 単語 w_1, w_2 のそれぞれに対して求めて，この 2 つの集合の重なりの度合いを w_1 と w_2 の類似度とみなします．2 つの集合の重なりの度合いを表す指標としてよく使われるものを**表４-４**に示します．

表4-4　集合 X, Y の重なりの度合いを表す指標

Jaccard 係数	$\frac{\|X\cap Y\|}{\|X\cup Y\|}$
Simpson 係数	$\frac{\|X\cap Y\|}{\min(\|X\|, \|Y\|)}$
Dice 係数	$\frac{2\|X\cap Y\|}{\|X\|+\|Y\|}$

4.3.4　共起語ベクトルに基づく方法の問題点

共起語ベクトルは，ある単語と共起するすべての単語との共起の度合いを一列に並べたベクトルなので，非常に高次元のベクトルとなります．通常コーパスには数万種類またはそれ以上の単語が出現しますので，単語共起行列や共起語ベクトルは数万次元（以上）となります．1つの単語がコーパスに出現するすべての単語と共起するわけではないので，実際には多くの成分が0となる**疎行列**や**疎ベクトル**となります．また，数万次元（以上）といっても，そのなかには互いに同義語や類義語の関係にある共起語も含まれていますので，各次元が互いに独立でなく数学的にみると冗長性が多く含まれています．その結果，たとえば共起ベクトルを用いて単語間の類似度を求める際に必ずしも妥当でない結果が得られることがあります．

この問題への対処として，必要な情報をより圧縮した形で低次元のベクトルとして表現する方法が研究されています．たとえば，単語共起行列を特異値分解することにより，より低い次元のベクトルで単語の意味を表す方法があります．また，大規模なコーパスとニューラルネットワークを用いて単語の意味を表す数百次元程度の密ベクトルを得る手法も盛んに利用されています．次節4.4では，後者のアプローチについて紹介します．

演習 4.2 共起語を求める

与えられたコーパスから単語ごとの頻出共起語集合を求めるプログラムを作ります．4.3.2 項に書いたように共起語の定義にはさまざまな選択肢がありますが，ここでは同一文中に出現する単語と考えて，出現回数と PMI の値がそれぞれ一定の閾値以上の共起語を集めた集合を作成します．また，扱う単語は一部の名詞に限定します．図 1-4 に示したように名詞には多くの下位分類があり，必ずしもすべてが有用とは限りません．本演習では「名詞 - 一般」と「名詞 - サ変接続」(「勉強」や「食事」のように後ろに「する」を付けると動詞の働きをする名詞) に限定して考えることにします．文の形態素解析と出現回数カウントには 3 章で紹介した MeCab クラスと Counter クラスを使用します．

プログラムの処理手順は次のようになります．

(1) コーパスを 1 行ずつ読み，形態素解析します．名詞を見つけたら以下の情報を更新します．
  ① 単語ごとの共起語ベクトル（共起回数を保存）
  ② 単語ごとの出現回数
  ③ 総単語数

(2) コーパスに出現した単語ごとに，以下の処理を行います．
  ① それぞれの共起単語との PMI の値を求めます．
  ② PMI の値を要素とする共起語ベクトルを作成します．
  ③ PMI の値が閾値以上の単語を集めた頻出共起語集合を作成します．

(3) 指定した単語の頻出共起語集合を出力します．

共起語ベクトルに共起語の出現回数とともに PMI の実数値を記憶できるように，3 章の Counter クラスを拡張した CounterWithWeight クラスを定義します．また，このプログラムでは頻出共起語集合が PMI の値の大きさ順に並んだ List 型データとして得られるようになっています．以下に，このプログラムのクラス構成図（**図 4-12**）とソースコードを示します．

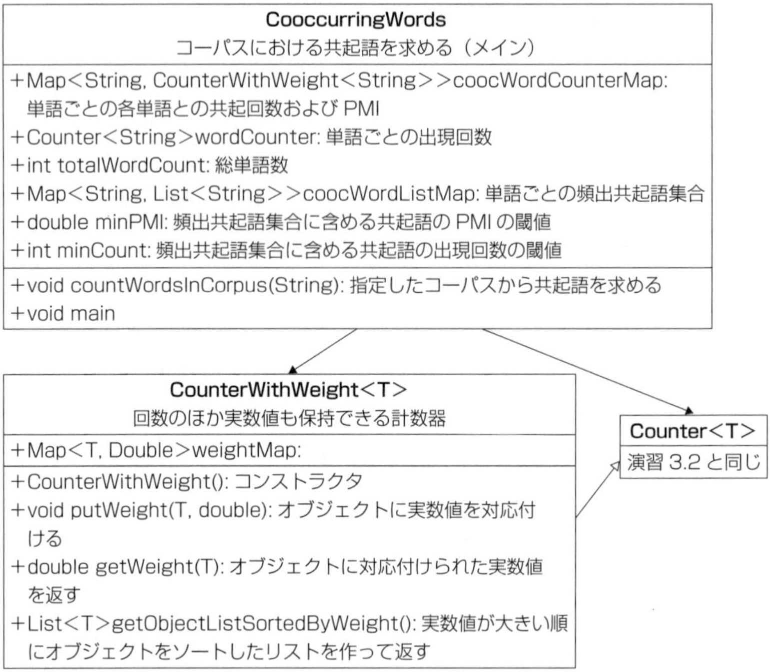

CooccurringWords
コーパスにおける共起語を求める（メイン）

+Map＜String, CounterWithWeight＜String＞＞coocWordCounterMap: 単語ごとの各単語との共起回数および PMI
+Counter＜String＞wordCounter: 単語ごとの出現回数
+int totalWordCount: 総単語数
+Map＜String, List＜String＞＞coocWordListMap: 単語ごとの頻出共起語集合
+double minPMI: 頻出共起語集合に含める共起語の PMI の閾値
+int minCount: 頻出共起語集合に含める共起語の出現回数の閾値

+void countWordsInCorpus(String): 指定したコーパスから共起語を求める
+void main

CounterWithWeight＜T＞
回数のほか実数値も保持できる計数器

+Map＜T, Double＞weightMap:

+CounterWithWeight(): コンストラクタ
+void putWeight(T, double): オブジェクトに実数値を対応付ける
+double getWeight(T): オブジェクトに対応付けられた実数値を返す
+List＜T＞getObjectListSortedByWeight(): 実数値が大きい順にオブジェクトをソートしたリストを作って返す

Counter＜T＞
演習 3.2 と同じ

図4-12　共起語を求めるプログラムのクラス構成図

リスト4-1　CounterWithWeight.java

```
package chapter4;

import java.util.Collections;
import java.util.Comparator;
import java.util.HashMap;
import java.util.List;
import java.util.Map;

import chapter3.Counter;

/** オブジェクトごとに回数のほか実数値も保持できる計数器 */
```

```
public class CounterWithWeight＜T＞ extends Counter＜T＞{
 /** オブジェクトに実数値を対応付ける写像 */
 Map＜T, Double＞ weightMap;

 /** コンストラクタ */
 public CounterWithWeight() {
  super();
  weightMap = new HashMap＜T, Double＞();
 }

 /** オブジェクトに実数値を対応付ける */
 public void putWeight(T obj, double weight) {
  weightMap.put(obj, weight);
 }

 /** オブジェクトに対応付けられた実数値を返す */
 public double getWeight(T obj) {
  Double weight = weightMap.get(obj);
  if (weight != null) {
   return weight.doubleValue();
  } else {
   return 0.0;
  }
 }

 /** 実数値が大きい順にオブジェクトをソートしたリストを作って返す */
 public List＜T＞ getObjectListSortedByWeight() {
  List＜T＞ objectList = getObjectList();
  Collections.sort(objectList, new Comparator＜T＞() {
   public int compare(T obj1, T obj2) {
    double diff = weightMap.get(obj2) - weightMap.get(obj1);
    return (diff ＞ 0) ? 1 : (diff == 0 ? 0 : -1);
   }
```

```
    });
    return objectList;
  }
}
```

リスト4-2　CooccurringWords.java

```
package chapter4;

import java.io.BufferedReader;
import java.io.FileReader;
import java.io.IOException;
import java.util.ArrayList;
import java.util.HashMap;
import java.util.List;
import java.util.Map;

import chapter3.Counter;
import chapter3.MeCab;
import chapter3.Word;

/** コーパスにおける共起語を求める */

public class CooccurringWords {
  /** 単語ごとの各単語との共起回数および PMI */
  public Map<String, CounterWithWeight<String>> coocWordCounterMap;
  /** 単語ごとの出現回数 */
  public Counter<String> wordCounter;
  /** 総単語数 */
  public int totalWordCount;
  /** 単語ごとの頻出共起語集合 */
  public Map<String, List<String>> coocWordListMap;
  /** 頻出共起語集合に含める共起語の PMI の閾値 */
```

```
  public static final double minPMI = 3.0;
  /** 頻出共起語集合に含める共起語の出現回数の閾値 */
  public static final int minCount = 5;

  /** 指定したコーパスから共起語を求める */
  public void countWordsInCorpus(String corpusFileName) {

  // 単語ごとに出現回数および各単語との共起回数を数える
   coocWordCounterMap = new HashMap<String, CounterWithWeight<String
>>();
   wordCounter = new Counter<String>();
   totalWordCount = 0;

   try {
    BufferedReader br = new BufferedReader(new FileReader(corpusFileName
));
    MeCab mecab = MeCab.getInstance();
    String line;
    while ((line = br.readLine()) != null) {
     // コーパスを行ごと（文ごと）に形態素解析し，出現単語リストを作る
     List<Word> wordList = mecab.analyze(line);
     List<String> wordsInSentence = new ArrayList<String>();
     for (Word w : wordList) {
      if (w.pos.equals("名詞-一般") || w.pos.equals("名詞-サ変接続")) {
       wordsInSentence.add(w.text);
      }
     }
     // 出現単語リストを用いて，単語の共起回数と出現回数を更新する
     for (String word : wordsInSentence) {
      CounterWithWeight < String > counter = coocWordCounterMap. get
(word);
      if (counter == null) {
       counter = new CounterWithWeight<String>();
```

```
          coocWordCounterMap.put(word, counter);
        }
        for (String coocWord : wordsInSentence) {
          if (coocWord == word) continue;
          counter.add(coocWord);
        }
        wordCounter.add(word);
      }
      totalWordCount += wordsInSentence.size();
    }
    br.close();
    mecab.close();
  } catch (IOException ex) {
    ex.printStackTrace();
  }

  // 単語ごとに頻出共起語リストを作成する
  coocWordListMap = new HashMap<String, List<String>>();

  for (String word : coocWordCounterMap.keySet()) {
    int count = wordCounter.getNumber(word);
    CounterWithWeight<String> counter = coocWordCounterMap.get
(word);
    // 共起語ごとにPMIを計算
    for (String coocWord : counter.getObjectList()) {
      double pmi = 0.0;
      if (wordCounter.getNumber(coocWord) >= minCount) {
        pmi = Math.log(1.0 * totalWordCount * counter.getNumber(coocWord)
/ count / wordCounter.getNumber(coocWord));
      }
      counter.putWeight(coocWord, pmi);
    }
    // 共起語をPMIでソートし，PMIが閾値以上の共起語をリストに加える
```

```
      List < String > frequentCoocWordList = new ArrayList < String >();
      for (String coocWord : counter.getObjectListSortedByWeight()) {
        if (counter.getWeight(coocWord) >= minPMI) {
          frequentCoocWordList.add(coocWord);
        } else {
          break;
        }
      }
      coocWordListMap.put(word, frequentCoocWordList);
    }
  }

  /** 動作確認用 main メソッド */
  public static void main(String[] args) {
    CooccurringWords coocWords = new CooccurringWords();
    coocWords.countWordsInCorpus("natsume/bocchan_filtered.txt");
    String word = "学校";
    System.out.println("「" + word + "」の頻出共起語リスト");
    System.out.println(coocWords.coocWordListMap.get(word));
  }
}
```

このプログラムを使って，夏目漱石の「坊っちゃん」本文データ中の「学校」という単語の共起語を求めたときの実行結果を次に示します．なお，「坊っちゃん」のデータは青空文庫から入手したファイルを演習 1.1 で紹介したプログラムで事前に変換したものを用います．

実行結果

```
「学校」の頻出共起語リスト
[ 物理, 騒動, 散歩, 手続き, 規則, 卒業, 時分, 体操, 苦, 宿, 骨董, 師範, … ]
```

4.4　単語の分散表現

4.4.1　概要

単語の分散表現（distributed representation）は，大規模なコーパスとニューラルネットワークを用いた学習によって得られる，単語の意味を表すベクトルです．4.3節で説明した共起語ベクトルと異なり，分散表現は通常数百次元と比較的低次元のベクトルであり，また各成分が0以外の実数値をとる**密ベクトル**となります．各単語を実ベクトル空間に埋め込むと考えることができるので，単語の分散表現は**単語埋め込み**（word embedding）とも呼ばれます（**表4-5**）．

表4-5　共起語ベクトルと分散表現の比較

	共起語ベクトル	分散表現
ベクトルの内容	共起語との共起の度合い（共起回数，PMIなど）	ニューラルネットワークで学習した辺の重み
ベクトルの次元数	数万次元以上になることもある	数百次元程度
疎ベクトル or 密ベクトル	疎ベクトル（多くの成分が0）	密ベクトル（0以外の実数値）

単語の分散表現は，2013年にGoogle社のトマス・ミコロフ（Tomas Mikolov）が発表した論文とその内容を実装したword2vecというツールの公開を契機に，広く注目を集めるようになりました．本手法は単語間の類似性や後で述べる類推など単語間の意味的関係を高い精度で扱えることがわかっており，現在では構文解析や意味解析などの解析技術から情報検索や機械翻訳など応用分野まで幅広く応用されています．

ミコロフの基本的なアイデアは，ある単語の意味を表すために，その単語と同じ文脈に出現する共起語を数える代わりに，どんな単語が共起語として出現するか予測するようなニューラルネットワークを学習させるというものです．これは，単語の意味表現はその前後に出現する単語をよく予測できるものであるべきという考えに基づいています．ニューラルネットワークの学習により，共起語を予測するのに最適な辺の重みの列，つまり実数ベクトルを単語ごとに獲得することができます．

ミコロフが提案した skip-gram および CBOW というモデルに基づいて単語の分散表現を計算するツールである **word2vec**[†16]が公開されており，これをさまざまな環境で利用するためのライブラリもいくつか公開されています．word2vec を使うと，自分で用意したコーパスのファイル名と学習のハイパーパラメータをいくつか指定することにより，単語ごとの分散表現が求められてファイルに出力されます．また，word2vec を使って作成した単語分散表現データを配布しているサイトもいくつかあるため，自分で大規模なコーパスを用意するのが大変な場合は，このようなサイトから単語ベクトルデータをダウンロードすることにより，直接それをほかの言語処理タスクに利用することもできます．

4.4.2 skip-gram と CBOW

本節では 2 つのモデル **skip-gram** と **CBOW**（Continuous Bag Of Words）について説明します．以下の説明では，コーパスに出現する単語の種類（語彙）の数を N とし，それぞれ $\mathrm{word}_1, \ldots, \mathrm{word}_N$ で表します．まず skip-gram では，コーパスにおけるそれぞれの単語の出現（対象単語）からその前後 n 単語以内に出現する単語（共起語）を予測するタスクを考えます．そのために**図 4-13** のような 3 層構造のニューラルネットワークを用います．

[†16] https://github.com/svn2github/word2vec または https://storage.googleapis.com/google-code-archive-source/v2/code.google.com/word2vec/source-archive.zip

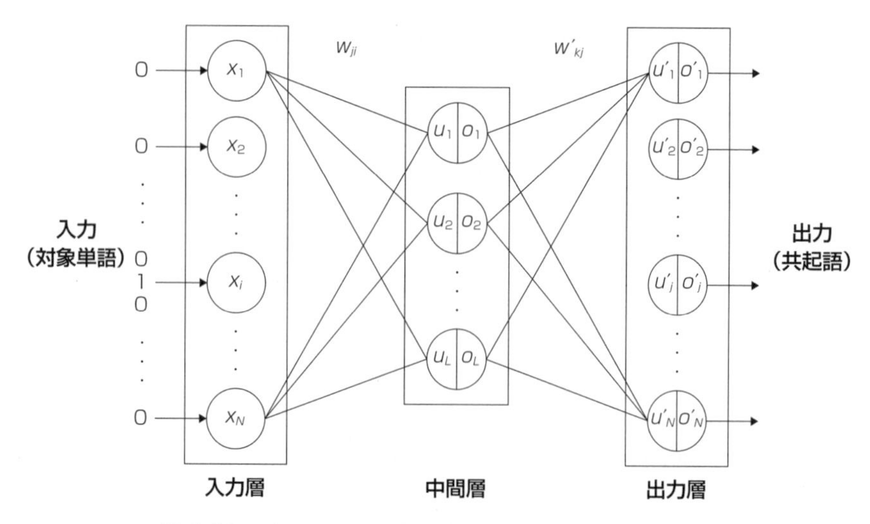

図 4-13　skip-gram で用いられるニューラルネットワーク

このネットワークの入力層と出力層は，語彙 $\mathrm{word}_1, \ldots, \mathrm{word}_N$ にそれぞれ対応する N 個のユニットから構成されます．一方，中間層は数百個程度のユニットからなります．この数は，数万個かそれ以上になる可能性もある入力層と出力層のユニット数に比べると桁違いに少ない数です．コーパスから抽出した対象単語とその共起語の組ごとに，対象単語をネットワークに入力した際に対応する共起語が出力される（つまりその共起語に対応する出力ユニットの出力値がほかの出力ユニットの出力値より大きくなる）ように誤差逆伝播法を用いて学習します．

対象単語の入力は，その対象単語に対応する入力ユニットのみに 1 を入力し，その他の入力ユニットには 0 を入力することによって行います．言い換えると，対象単語を (0, 0, ... , 0, 1, 0, ... , 0) という形のベクトルで表現して入力していることになります．このベクトルを単語の **one-hot ベクトル**といいます．2.5 節で説明したように，入力された値 $(x_1, x_2, \ldots, x_N)$ は辺の結合重みを考慮した計算により，次のような値となり中間層に入力されます[†17]．

$$u_j = \sum_{i=1}^{N} w_{ji} x_i \quad (1 \leqq j \leqq L)$$

[†17] バイアス項 b_j は本質的ではないので，本項では省略します．

ここで対象単語が word$_i$ の場合，x_i のみが 1 でほかは 0 が入力されるので，$u_j = w_{ji}$ となります．つまり中間層全体では，$(w_{1i}, w_{2i}, ..., w_{Li})$ というベクトルが入力されたと考えることができます．この入力が，中間層と出力層をつなぐ辺を通って出力層に伝えられて，出力層から出力されます．上述のように中間層のユニット数 L は入力層と出力層のユニット数より桁違いに少ないので，任意の対象単語に対して適切な共起語を出力するためには，ベクトル $(w_{1i}, w_{2i}, ..., w_{Li})$ がそれぞれの語彙 word$_i$ の意味的特徴を十分に含んだものになるよう学習が行われる必要があります．そこで，学習終了後にこのベクトル $(w_{1i}, w_{2i}, ..., w_{Li})$ を単語 word$_i$ の意味を表す分散表現として取得します．

いままで説明してきた skip-gram と異なるモデルとして，CBOW があります．これはある対象単語の前後に出現する複数の共起語を同時に入力して対象単語を予測（出力）するというネットワークを用いる方法です（**図 4-14**）．

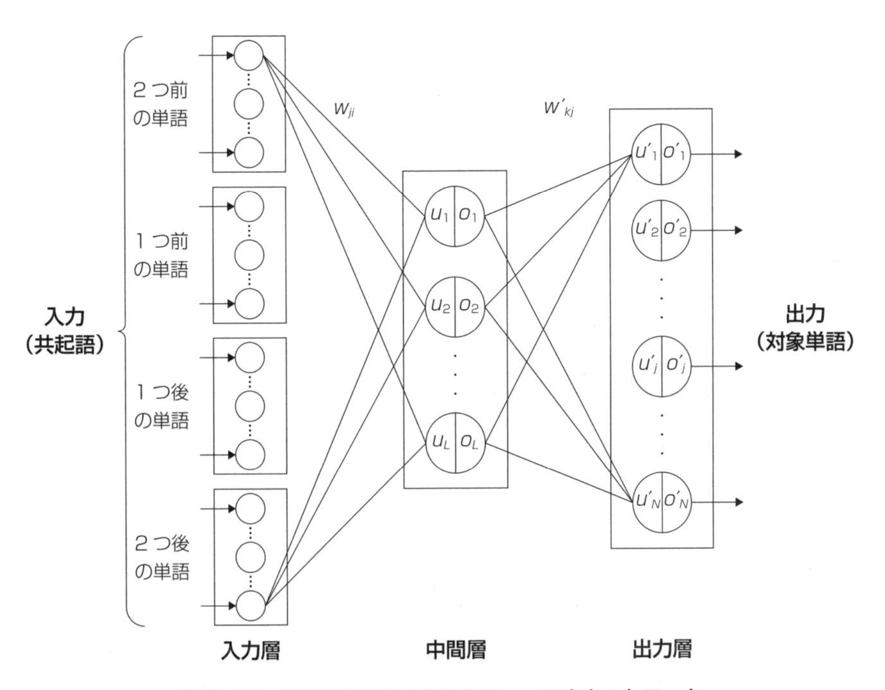

図 4-14　CBOW で用いられるニューラルネットワーク

skip-gram にしても CBOW にしても大規模なコーパスを用いる際に計算量が膨大になることが問題となります．この問題に対して，出力を求める計算量を減らすために，出力の計算に用いる softmax 関数の計算を階層化する方法や，すべての出力ユニットの値を計算する代わりにランダムに選んだ一部の負例のユニットの値のみを計算する**ネガティブサンプリング**の技法が考案され，word2vec にも実装されています．

4.4.3　単語分散表現の特徴

word2vec に大規模なコーパスを与えて得られる単語の分散表現は単語の意味的特徴をよく反映していることが，さまざまな実験を通して明らかになっています．とくに，分散表現に対してベクトル間の**コサイン類似度**を適用することで得られる単語の類似度の値は人間の直感と高い相関があることが知られています．

これに加えて，複数の単語の分散表現どうしの（ベクトルとしての）加算や減算にもなんらかの意味があることがわかっています．具体的には，2 つの単語の分散表現の和は両単語の意味的特徴を兼ね備えた特徴を表し，分散表現の差は両単語の意味の違いや関係の種類を反映していると解釈できるのです．この性質の応用例として，“king” と “queen” の分散表現の差ベクトルが “man” と “woman” の意味の差ベクトルと類似したものになる

$$v_{king} - v_{queen} \doteqdot v_{man} - v_{woman}$$

や，これの応用として，“king” から “man” を引いて “woman” を足すと “queen” に類似したベクトルになる

$$v_{king} - v_{man} + v_{woman} \doteqdot v_{queen}$$

が知られています．つまり一種の**類推**（analogy）を実現することができます．次の**図 4-15** はミコロフの論文[†18]から引用したもので，上記の例のような意味的な類推のほか，構文的な類推（活用変化など）もある程度できることが知られ

[†18] Tomas Mikolov, Wen-tau Yih and Geoffrey Zweig, Linguistic Regularities in Continuous Space Word Representations, in Proc. 2013 Conf. NAACL HLT, pp. 746-751, 2013.

ています．

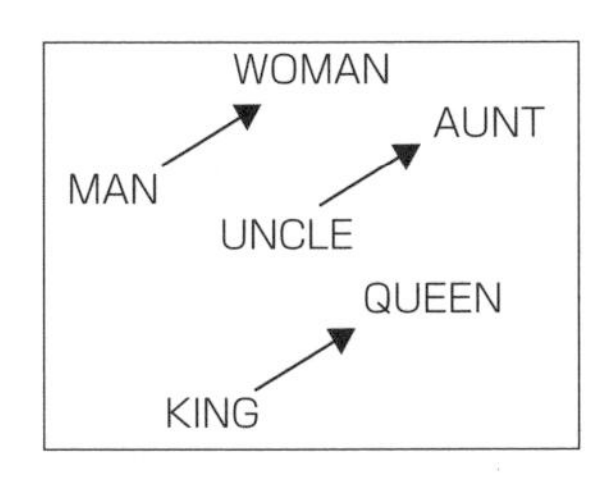

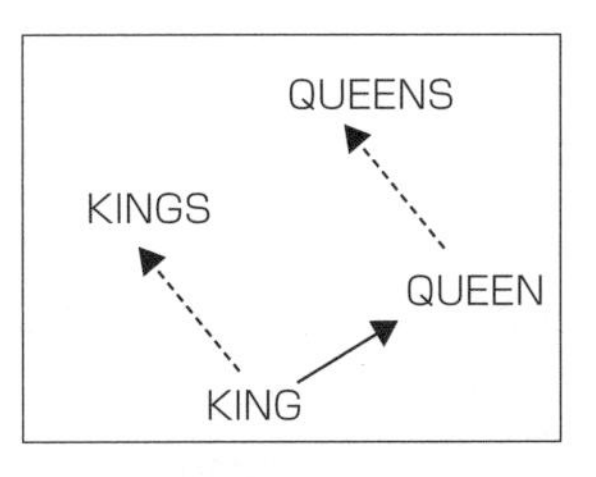

図4-15 単語分散表現の差ベクトルが単語間の関係を表す例

演習 4.3 単語分散表現の利用

与えられたコーパスから単語の分散表現を求める計算はword2vecを用いて行うことができます．そこで，ここではword2vecが出力した単語分散表現データのファイルをJavaのプログラムで読み取って応用するプログラムを紹介します．

① 単語分散表現データの用意

まず，単語分散表現データのファイルを用意する必要があります．そのために，コーパスのファイルとword2vecの実行環境を用意します．使用するコーパスは大きいほど適切な分散表現が得られます．無償で入手できる大規模なテキストデータとして，Wikipediaのダンプデータ[†19]があります．word2vecに入力するコーパスデータは単語が分かち書きされている必要がありますので，MeCabなどの形態素解析ツールを用いて分かち書きの形式に変換しておきます．word2vecを実行する際に指定できる主なオプションを**表4-6**に挙げます．

[†19] https://dumps.wikimedia.org/jawiki/latest/jawiki-latest-pages-articles.xml.bz2

表4-6　word2vec の主なオプション

オプション	意　味	デフォルト値
-train	コーパスファイル名	—
-output	分散表現の出力ファイル名	—
-cbow	1:CBOW　0:skip-gram	1
-size	生成する分散表現の次元数	100
-window	ウィンドウ幅 （前後何単語を扱うか）	5
-negative	負例のサンプル数	5
-hs	階層的 softmax を使うか	0
-binary	出力ファイルの形式 1:バイナリ形式 0:テキスト形式	0

自分で大規模なコーパスを準備して word2vec を実行するのが大変な場合は，Web で公開されている単語分散表現のデータファイルを入手して使うこともできます．そのようなデータの例として，東北大学の鈴木正敏氏による**日本語 Wikipedia エンティティベクトル**[†20]があります．

② 単語分散表現データを利用する Java プログラム

以下に，word2vec が出力した単語分散表現データファイルの内容を読み取って分散表現を利用するための Java プログラムについて説明します．まず，本演習のプログラムの全体構成図を**図 4-16** に示します．

[†20] https://github.com/singletongue/WikiEntVec

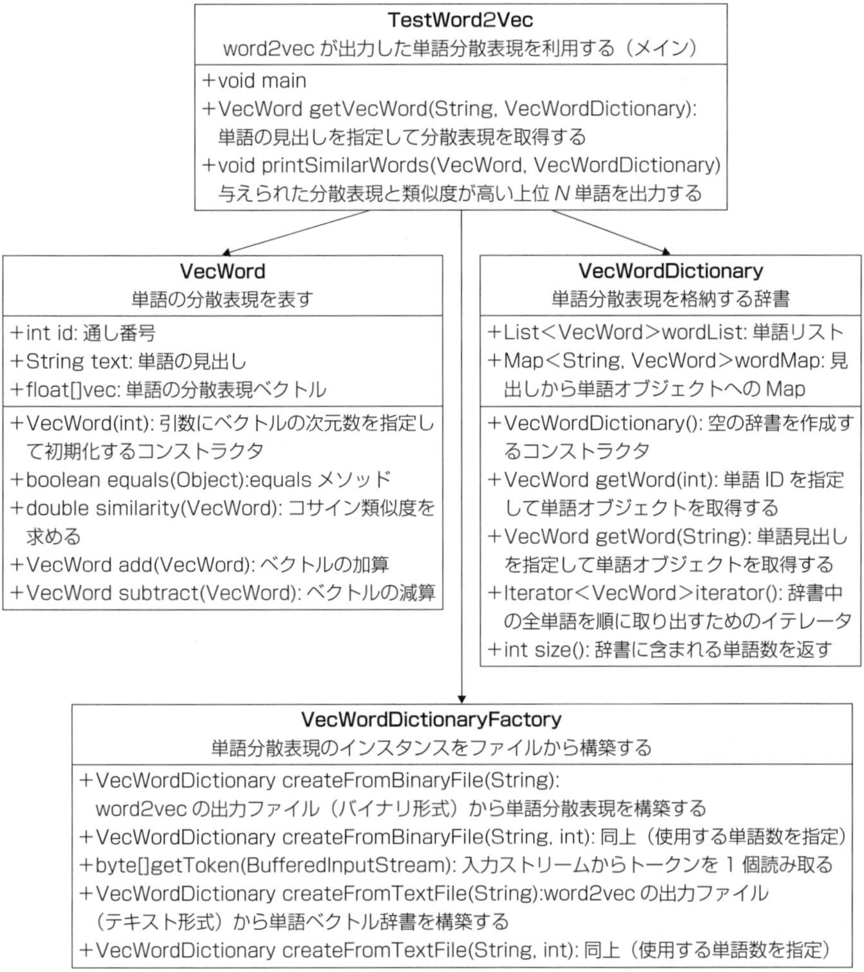

TestWord2Vec
word2vec が出力した単語分散表現を利用する（メイン）

+void main
+VecWord getVecWord(String, VecWordDictionary): 単語の見出しを指定して分散表現を取得する
+void printSimilarWords(VecWord, VecWordDictionary) 与えられた分散表現と類似度が高い上位 N 単語を出力する

VecWord
単語の分散表現を表す

+int id: 通し番号
+String text: 単語の見出し
+float[]vec: 単語の分散表現ベクトル

+VecWord(int): 引数にベクトルの次元数を指定して初期化するコンストラクタ
+boolean equals(Object):equals メソッド
+double similarity(VecWord): コサイン類似度を求める
+VecWord add(VecWord): ベクトルの加算
+VecWord subtract(VecWord): ベクトルの減算

VecWordDictionary
単語分散表現を格納する辞書

+List<VecWord>wordList: 単語リスト
+Map<String, VecWord>wordMap: 見出しから単語オブジェクトへの Map

+VecWordDictionary(): 空の辞書を作成するコンストラクタ
+VecWord getWord(int): 単語 ID を指定して単語オブジェクトを取得する
+VecWord getWord(String): 単語見出しを指定して単語オブジェクトを取得する
+Iterator<VecWord>iterator(): 辞書中の全単語を順に取り出すためのイテレータ
+int size(): 辞書に含まれる単語数を返す

VecWordDictionaryFactory
単語分散表現のインスタンスをファイルから構築する

+VecWordDictionary createFromBinaryFile(String): word2vec の出力ファイル（バイナリ形式）から単語分散表現を構築する
+VecWordDictionary createFromBinaryFile(String, int): 同上（使用する単語数を指定）
+byte[]getToken(BufferedInputStream): 入力ストリームからトークンを 1 個読み取る
+VecWordDictionary createFromTextFile(String):word2vec の出力ファイル（テキスト形式）から単語ベクトル辞書を構築する
+VecWordDictionary createFromTextFile(String, int): 同上（使用する単語数を指定）

図 4-16 単語分散表現データを利用するプログラムのクラス構成図

まず VecWord クラスは，1 つの単語の見出しと，float 型の配列で表された分散表現を一緒に格納します．このクラスでは 2 つの分散表現ベクトルのコサイン類似度を計算するメソッドやベクトルの加減算を行うメソッドも定義しています．

リスト4-3　VecWord.java

```
package chapter4;

/** 単語の分散表現を表すクラス */

public class VecWord {
  /** 通し番号（コーパスでの出現回数が多いほど若い番号） */
  public int id;
  /** 単語の見出し */
  public String text;
  /** 単語の分散表現ベクトル */
  public float[] vec;

  /** コンストラクタ：ベクトルの次元数を指定して初期化する */
  public VecWord(int layerSize) {
    vec = new float[layerSize];
  }

  /** 2つの単語が同じかどうか判定する */
  @Override
  public boolean equals(Object obj) {
    if (obj == null || getClass() != obj.getClass()) {
      return false;
    }
    VecWord word = (VecWord)obj;

    return (id == word.id);
  }

  /** コサイン類似度を求める */
  public double similarity(VecWord word) {
    double xx = 0.0, xy = 0.0, yy = 0.0;
```

```
  for (int i = 0; i < vec.length; i ++) {
   xx += vec[i] * vec[i];
   xy += vec[i] * word.vec[i];
   yy += word.vec[i] * word.vec[i];
  }

  return xy / Math.sqrt(xx) / Math.sqrt(yy);
 }

 /** ベクトルの加算 */
 public VecWord add(VecWord word) {
  int layerSize = vec.length;
  VecWord sumWord = new VecWord(layerSize);

  for (int i = 0; i < layerSize; i ++) {
   sumWord.vec[i] = vec[i] + word.vec[i];
  }

  return sumWord;
 }

 /** ベクトルの減算 */
 public VecWord subtract(VecWord word) {
  int layerSize = vec.length;
  VecWord diffWord = new VecWord(layerSize);

  for (int i = 0; i < layerSize; i ++) {
   diffWord.vec[i] = vec[i] - word.vec[i];
  }

  return diffWord;
 }
}
```

VecWordDictionaryクラスは，単語分散表現データを格納する辞書の働きをします．単語見出しから分散表現データを取得したり，登録されている単語を順に取り出したりすることができます．

リスト4-4 VecWordDictionary.java

```
package chapter4;

import java.util.ArrayList;
import java.util.HashMap;
import java.util.Iterator;
import java.util.List;
import java.util.Map;

/** 単語分散表現を格納する辞書 */

public class VecWordDictionary {
  /** 単語リスト本体 */
  public List<VecWord> wordList;
  /** 見出しから単語オブジェクトへの Map */
  public Map<String, VecWord> wordMap;

  /** コンストラクタ：空の辞書を作成する */
  public VecWordDictionary() {
    wordList = new ArrayList<VecWord>();
    wordMap = new HashMap<String, VecWord>();
  }

  /** 単語 ID を指定して単語オブジェクトを取得する */
  public VecWord getWord(int n) {
    return wordList.get(n);
  }

  /** 単語見出しを指定して単語オブジェクトを取得する */
```

```
  public VecWord getWord(String text) {
    return wordMap.get(text);
  }

  /** 辞書中の全単語を順に取り出すためのイテレータ */
  public Iterator<VecWord> iterator() {
    return wordList.iterator();
  }

  /** 辞書に含まれる単語数を返す */
  public int size() {
    return wordList.size();
  }
}
```

次の VecWordDictionaryFactory クラスは，word2vec が出力するファイルから単語分散表現データを読み込むプログラムです．word2vec の出力ファイルはバイナリ形式とテキスト形式の 2 種類があるので，それぞれに対応した読み込みのメソッドが定義されています．

リスト 4-5 VecWordDictionaryFactory.java

```
package chapter4;

import java.io.BufferedInputStream;
import java.io.BufferedReader;
import java.io.FileInputStream;
import java.io.IOException;
import java.io.InputStreamReader;
import java.nio.ByteBuffer;
import java.nio.ByteOrder;
import java.util.Arrays;

/** 単語分散表現辞書のインスタンスをファイルから構築する */
```

```
public class VecWordDictionaryFactory {

  /** word2vec が出力したバイナリ形式のファイルを読み込んで，単語分散表現辞書を構
築する */
  public static VecWordDictionary createFromBinaryFile(String dicFileName) {
    return createFromBinaryFile(dicFileName, Integer.MAX_VALUE);
  }

  /** 同（使用する最大単語数を指定） */
  public static VecWordDictionary createFromBinaryFile(String dicFileName,
int vocabSize) {
    VecWordDictionary dic = new VecWordDictionary();

    try {
      BufferedInputStream bis = new BufferedInputStream(new FileInputStream
(dicFileName));

      int vocabSizeOrigin = Integer.parseInt(new String(getToken(bis)));
      int layerSize = Integer.parseInt(new String(getToken(bis)));
      if (vocabSizeOrigin < vocabSize) {
        vocabSize = vocabSizeOrigin;
      }

      byte[] floatBytes = new byte[4];

      for (int i = 0; i < vocabSize; i ++) {
        VecWord word = new VecWord(layerSize);
        word.text = new String(getToken(bis), "UTF-8"); // 見出しを読み取る

        for (int j = 0; j < layerSize; j ++) { // バイナリ形式の数値を順に読み取る
          bis.read(floatBytes);
          ByteBuffer buf = ByteBuffer.wrap(floatBytes);
```

```
            buf.order(ByteOrder.LITTLE_ENDIAN);
            word.vec[j] = buf.getFloat();
          }
          dic.wordList.add(word);
          dic.wordMap.put(word.text, word);
        }
        bis.close();
      } catch (IOException ex) {
        ex.printStackTrace();
      }

      return dic;
    }

    /** 入力ストリームからトークンを1個読み取る */
    public static byte [] getToken (BufferedInputStream bis) throws
IOException {
      byte[] tokenBytes = new byte[1024];
      int count = 0;

      while (true) {
        int d = bis.read();
        if (d == ' ' || d == '\n') {
          continue;
        } else {
          tokenBytes[count ++] = (byte)d;
          break;
        }
      }

      while (true) {
        int d = bis.read();
        if (d == ' ' || d == '\n') {
```

```
      break;
    }
    tokenBytes[count ++] = (byte)d;
  }

  return Arrays.copyOf(tokenBytes, count);
}

/** word2vecが出力したテキスト形式のファイルを読み込んで，単語ベクトル辞書を構
築する */
public static VecWordDictionary createFromTextFile(String dicFileName) {
  return createFromTextFile(dicFileName, Integer.MAX_VALUE);
}

/** 同（使用する最大単語数を指定） */
public static VecWordDictionary createFromTextFile(String dicFileName,
int vocabSize) {
  VecWordDictionary dic = new VecWordDictionary();

  try {
    BufferedReader br = new BufferedReader(new InputStreamReader(new
FileInputStream(dicFileName), "UTF-8"));

    String[] split = br.readLine().split(" ");
    int vocabSizeOrigin = Integer.parseInt(split[0]);
    int layerSize = Integer.parseInt(split[1]);
    if (vocabSizeOrigin < vocabSize) {
      vocabSize = vocabSizeOrigin;
    }

    for (int i = 0; i < vocabSize; i ++) {
      split = br.readLine().split(" ");
      VecWord word = new VecWord(layerSize);
```

```
    word.text = split[0];
    for (int j = 0; j < layerSize; j ++) {
     word.vec[j] = Float.parseFloat(split[j + 1]);
    }
    dic.wordList.add(word);
    dic.wordMap.put(word.text, word);
   }
   br.close();
  } catch (IOException ex) {
   ex.printStackTrace();
  }

  return dic;
 }
}
```

次のクラスは動作確認用の main メソッドを定義しています．main メソッド内の“jvectors.bin”または“jvectors.txt”と書かれた箇所に，自分が word2vec を利用して作成した（または Web から入手した）単語分散表現データファイルのファイル名を指定して，実行してみましょう．

リスト4-6 TestWord2Vec.java

```
package chapter4;

import java.util.Iterator;

/** 単語の分散表現を利用するメインプログラムの例 */

public class TestWord2Vec {

 public static void main(String[] args) {
  VecWordDictionary dic;

```

```
    // バイナリ形式のデータファイルから単語分散表現辞書を構築する場合
    dic = VecWordDictionaryFactory. createFromBinaryFile ("jvectors.
bin");
    // テキスト形式のデータファイルから単語分散表現辞書を構築する場合
    // dic = VecWordDictionaryFactory. createFromTextFile ("jvectors.
txt");
    // 大きなデータファイルの一部のみを使いたい場合
    // dic = VecWordDictionaryFactory. createFromBinaryFile ("jvectors.
bin", 10000);

  // 指定した2単語の類似度を出力する例
  String str1 = "学校";
  VecWord word1 = getVecWord(str1, dic);
  String str2 = "図書館";
  VecWord word2 = getVecWord(str2, dic);

  if (word1 != null && word2 != null) {
   System.out.println("「" + str1 + "」と「" + str2 +
    "」の類似度は" + word1.similarity(word2));
  }

  // 指定した単語との類似度が高い上位N単語を出力する
  if (word1 != null) {
   System.out.println("「" + str1 + "」と類似度が高い単語：");
   printSimilarWords(word1, dic);
  }
 }

 /** 単語の見出しを指定して分散表現を取得する */
 public static VecWord getVecWord(String text, VecWordDictionary dic) {
  VecWord word = dic.getWord(text);
  if (word == null) {
   System.out.println("単語「" + text + "」は見つかりませんでした");
```

```
  }
  return word;
 }

 /** 与えられた分散表現との類似度が高い分散表現をもつ上位N単語を出力する */
 public static void printSimilarWords(VecWord word, VecWordDictionary
dic) {
  int N = 10;
  VecWord[] maxWord = new VecWord[N];
  double[] max = new double[N];

  for (Iterator<VecWord> it = dic.iterator(); it.hasNext(); ) {
   VecWord w = it.next();
   if (w == word) {
    continue;
   }
   double sim = word.similarity(w);

   for (int i = 0; i < N; i++) {
    if (sim > max[i]) {
     for (int j = N - 1; j > i; j--) {
      maxWord[j] = maxWord[j-1];
      max[j] = max[j-1];
     }
     maxWord[i] = w;
     max[i] = sim;
     break;
    }
   }
  }

  for (int i = 0; i < N; i++) {
   System.out.println((i + 1) + "\t" + maxWord[i].text + "\t" + max[i]);
```

```
  }
 }
}
```

このプログラムの実行結果を次に示します．なお，ここでは単語分散表現データとして，前述の日本語 Wikipedia エンティティベクトルの上位 1 万単語を使用しました．

実行結果の例

```
「学校」と「図書館」の類似度は 0.4693620617371935
「学校」と類似度が高い単語：
1        [学校]      0.7036695385715291
2        高等学校    0.6966776930106682
3        学院        0.6917193446784343
4        専門学校    0.6829794885830947
5        大学        0.6554370997021515
6        中学校      0.6527528575055802
7        教師        0.6354095433733027
8        小学校      0.6286717235766079
9        同校        0.6129169400279304
10       私立        0.6064898693814401
```

4.5　文の意味解析

4.5.1　概要

本節では，与えられた文に対して，その意味表現を生成する方法を考えます．前提として，与えられた文に対し形態素解析と係り受け解析がすでに済んでいるとします．文の係り受け木から意味表現を得るまでの手順は，大まかにいうと次の 3 ステップからなります（**図 4-17**）．

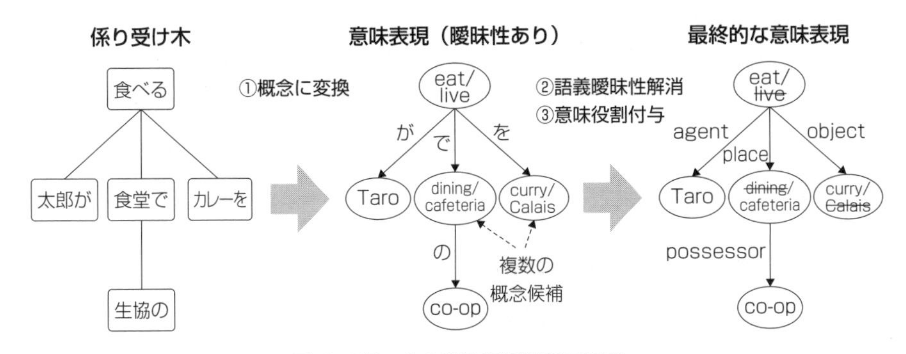

図 4-17　文の意味解析処理の概要

(1)　係り受け木の各ノード（文節）に対して，単語辞書を参照して文節の主辞（中心となる自立語）の概念を求めて，概念をノードとし表層格を辺のラベルとする木を作成します．
(2)　文節の主辞が多義語の場合，複数の候補の概念が存在するので，そのなかから適当な概念を 1 つ選びます（**語義曖昧性解消**）．
(3)　係り受け関係にある概念間の意味的関係の種類を求めます（**意味役割付与，深層格同定**）．

意味解析と関連する概念として**述語項構造解析**があります．述語項構造解析は，述語に対してなんらかの意味的役割をもつ項を文中から見つけて，項の格を求めるのが目的です．格には表層格と深層格があり，日本語では表層格が明示されないことがある（たとえば「花子も読んだ本」において，「花子」は述語「読んだ」のガ格，「本」はヲ格）ため，実用上，表層格を正確に求める技術が重要となります．また，文中で直接係り受け関係にない文節の単語が述語の項となる場合もある（たとえば「太郎は昼食を食べに食堂に行った。」において「太郎」の係り先は「行った。」だが，「行った。」だけでなく「食べ」の動作主格でもある）ので，述語項構造解析ではより広い範囲で文中の単語間の関係を調べることになります．

このほか，実際にテキストや対話で用いられた文の意味を正しく理解するために必要な処理として，文中の指示詞や代名詞がなにを指しているかという照応関係を明らかにする**照応解析**や，主語の省略などで文から省略された要素（**ゼロ代名詞**ともいう）を補完する省略補完などがあります．これらの処理は，その文だけをみても処理ができず，前後の文やその文が使われた状況などの文脈を参照する必要があるという点で上で述べた意味解析とは異なっており，**文脈解析**と呼ばれます．しかし，処理の内容や用いられる技術の面では文の意味解析と多くの共通点があります．

4.5.2　格フレーム辞書の利用

本項では，語義曖昧性解消と意味役割付与の処理に制約知識を使う方法を説明します．意味役割付与で文中の格要素の深層格を求める際，格助詞で表される表層格が手がかりとなりますが，一般に，表層格だけでは深層格を一意に決定できません．たとえばガ格は動作主格を表すことが多いですが，動詞によっては対象格を表す場合もあります．そこで，動詞ごとにその動詞がどんな格をとり，表層格と深層格がどのように対応し，また格要素となる名詞がどんな意味カテゴリに属すか（選択制限）といった情報をまとめた**格フレーム**と呼ばれる知識を用います．

格フレームを集めた**格フレーム辞書**には，表層格のみを扱うものと表層格，深層格の両方を扱うもの，選択制限が概念として記述されているものと格要素として頻出する単語を列挙したものなど，さまざまな形式のものがあります．たとえばEDR電子化辞書の一部である日本語動詞共起パターン副辞書は，格フレームが深層格や概念の選択制限など意味のレベルまで記述されています．一方，京都大学格フレームは，膨大な量のWebテキストから自動構築した格フレームであり，表層格や共起単語といった表層レベルで記述されています．ここでは意味解析が目的であるため，次の**表4-7**のような表層格と深層格の関係および概念レベルでの選択制限が記述された格フレームを考えます．この表では，括弧がついた文字列は概念または深層格を表します．

表4-7　動詞「食べる」の格フレームの例

	格要素1		格要素2		動　詞 動詞の概念
	選択制限	表層格 深層格	選択制限	表層格 深層格	
1	(人間・動物)	が (agent)	(食物)	を (object)	食べる (食物をとる)
2	(人間)	が (agent)	(職業・行為)	で (condition)	食べる (生計を立てる)

このような格フレーム辞書の情報を活用することで，文の意味解析における語義の曖昧性を解消したり，深層格を同定したりすることができます．

ここでは「小倉が小倉を食べた」という文を例として，このことを説明します．この文を読んだとき，私たちは「小倉が」の「小倉」は人間の姓を表し，「小倉を」の「小倉」は食べ物の小倉（あん）を表すと解釈します．これは，私たちが「食べる」という動詞の文型として「【人間】が【食物】を食べる」というものがあると知っているからです．この知識が格フレームに相当します．実際，上の表4-7における1つめの格フレームがこの文型に対応します．

また，「小倉」という名詞を適当な概念辞書で検索すると，「日本人の姓」と「小倉あん」という2つの意味があり，それぞれ「人間」と「食物」の下位概念であることがわかります．

これらの知識を組み合わせることで，「小倉が小倉を食べた」の「食べた」は（ヲ格をとるので）「食物をとる」の意味で使われていて，ガ格の「小倉」は人間の下位概念である「日本人の姓」で深層格は動作主格（agent），ヲ格の「小倉」は食物の下位概念である「小倉あん」で深層格は対象格（object）であることがわかります．つまり，意味解析の結果として次のような意味表現が生成できます（**図4-18**）．

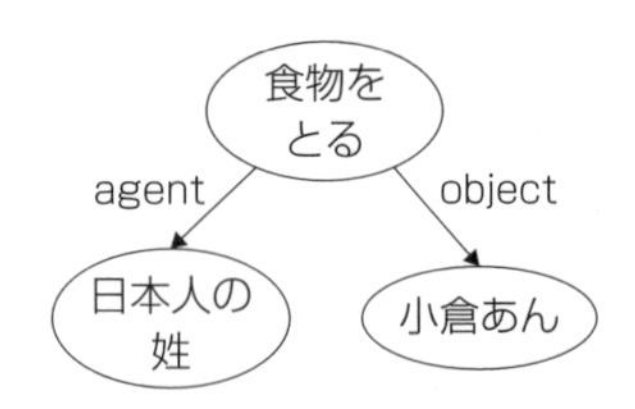

図 4-18　「小倉が小倉を食べる」の意味解析結果

なお，前節で述べた照応解析や省略補完といった文脈解析にも格フレームの知識を利用することができます．次の例は，2 つの文からなる文章において後ろの文の主語が省略されており，前の文に出現した名詞を使って補完する例です（**図 4-19**）．後ろの文の述語に応じて主語に対する選択制限が変わり，補完される名詞が変わってきます．

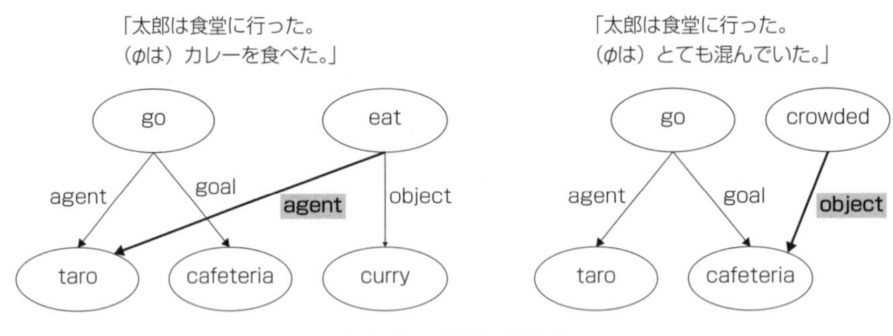

図 4-19　省略補完の例

4.5.3　機械学習の利用

前節で述べた格フレームを用いる意味解析は，入力文にちょうど当てはまる格フレームがある場合にうまく働きます．しかし，格フレーム辞書に用意された格フレームはあらゆる動詞のあらゆる使い方を網羅しているわけではなく，入力文に適した格フレームが存在しない場合もしばしばあります．また，格フレームに記述された選択制限は必ずしも絶対的なものではなく，文脈によって例外もあり得ます．さらに，制約を満たす候補が複数存在する場合に，制約知識だけでは候補間に優先度を付けて 1 つを選ぶということができません．このような問題点に対して，格フレームの代わりに，コーパスと統計的手法，とくに機械学習を使うアプローチが考えられます．

最も考えやすいのは教師あり学習ですが，この場合，文中の単語の概念や深層格などの意味情報をタグとして付与したコーパスが必要となります．このようなコーパスとしては，概念や深層格が付与されたEDRコーパスや，国語辞典の語義が付与された岩波国語辞典タグ付きコーパスがあります．語彙曖昧性解消や意味役割付与は一種の分類問題として捉えられるので，ナイーブベイズ分類器やSVMなどの機械学習アルゴリズムを適用することができます．学習に用いる特徴量としては，対象の単語や前後の単語の表層形や原形，品詞，意味カテゴリ，表層格，係り受け関係などが有効と考えられます．これらの特徴量からなる特徴ベクトルと正解の語義（または深層格）の対をコーパスから大量に抽出して分類器に与え，学習を行います（**図4-20**）．

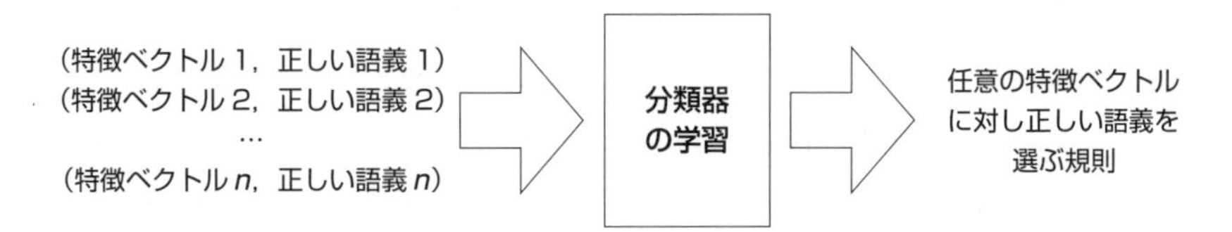

図4-20 教師あり学習による意味解析

機械学習は，照応解析や省略補完といった文脈解析にも応用することができます．この場合，学習に用いる特徴量としては，指示詞や代名詞の種類，品詞，意味カテゴリ，文章中の距離などが有効と考えられます．

演習問題

問 4.1

演習 4.2 の共起語を求めるプログラムを拡張し，与えられた 2 単語の分布類似度を頻出共起語集合間の Jaccard 係数により求めるプログラムを作ってください．Jaccard 係数を求める部分は，2 個の List<String> オブジェクトを引数として受け取り double 型の実数を返す jaccard メソッドを定義するとよいでしょう．

問 4.2

演習 4.3 の TestWord2Vec クラスの printSimilarWords メソッドは，与えられた単語と類似度が大きい単語，いわば元の単語から**連想**される単語を出力します．問 4.1 で作ったプログラムを使って，同様の，与えられた単語と分布類似度が大きい単語を出力するメソッドを作ってください．また，実際に単語を入力し，類似度の指標の差異により連想の結果がどう変わるか観察しましょう．

問 4.3

問 4.2 で求めた連想語を日本語 WordNet でそれぞれ検索し，相互の位置関係にみられる特徴を調べてください．シソーラス上で近い位置にある連想語も遠く離れている単語もあるはずです．多様な結果となる理由も考えましょう．

問 4.4

動詞や形容詞の意味を扱ううえでは，階層的分類に限界があるため，コーパスを用いる方法が有効です．問 4.2 のプログラムを使って，さまざまな動詞，形容詞に対して連想語を求めてみましょう．分布類似度では共起語の選び方（品詞や，共起語とみなす範囲），word2vec ではウィンドウ幅を変えることにより，得られる連想語がどう変わるか調べてみてください．

問 4.5

3 つの単語 A, B, C を与えると A:B = C:D の関係にある単語 D を求める（たとえば「男」,「女」,「王」を与えると「女王」が得られる）プログラムを作ってみましょう．ベクトルの加算と減算のメソッドを利用して，B－A＋C というベクトルを計算し，得られたベクトルとのコサイン類似度が大きい上位 10 単語を出力するプログラムを作るとよいでしょう．ただし，このような類推の計算結果は単語の類似度と比べると分散表現の性質に依存する部分が大きく，必ずしも期待したとおりの結果が得られるとは限りません．

5章
自然言語処理の応用

本章では，自然言語処理の応用技術として情報検索と文書分類，対話システムを取り上げて，演習を交えて学んでいきます．これらの技術ではテキストがどんな単語から構成されているかが重要となるため，3 章で学んだテキスト解析の技術が用いられます．4 章の意味理解技術については，現在の精度では応用タスクへの活用にやや難がありますが，今後重要になると考えて意味情報を活用する可能性についても言及します．

5.1　応用技術の概要

自然言語処理技術は，ビジネスにおける大量の文書情報の活用や管理の効率化，Web や音声などのメディアを利用する新たなサービスの創出などに応用されています．また，一般ユーザがコンピュータや Web を利用する際の入力手段の改良や情報検索の精度向上，わかりやすい出力の生成などにも用いられています．さらに今後は，学校教育や語学教育，e ラーニングなど教育分野への応用も期待されます．このようなさまざまな応用システムやサービスは，3 章や 4 章で説明した自然言語の解析技術に基づく複数の自然言語処理応用技術を利用して実現されているとみることができます（**図 5-1**）．

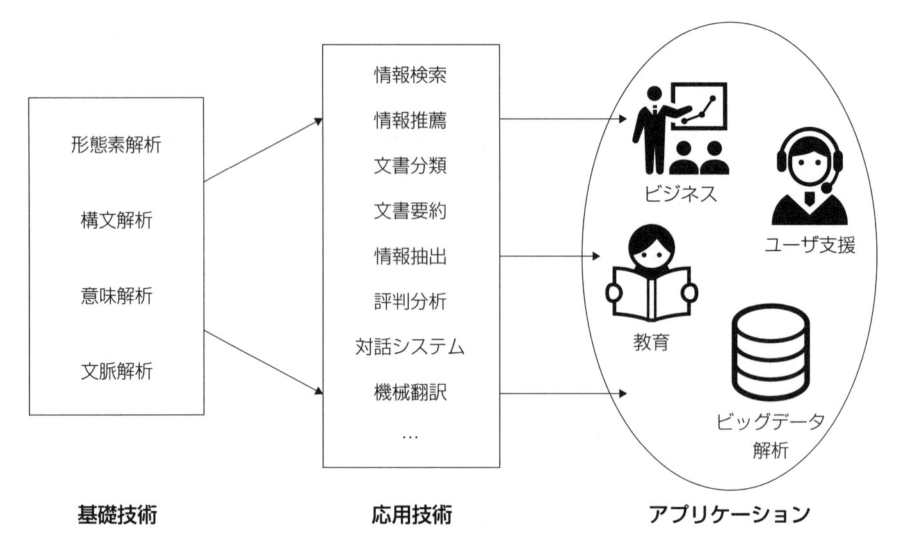

図5-1　自然言語処理の基礎技術と応用技術

以下では，よく用いられる応用技術を5つのカテゴリに分けて簡単に説明します．その後，5.2節以降で，そのなかのいくつかの技術について詳しく解説します．

5.1.1　情報検索とその関連技術

情報検索（information retrieval）

情報検索は，ユーザが求めている情報を見つけ出すための技術です．通常，ユーザは自分が求めている情報の手がかりを検索キーワードなどの形でシステムに入力します．これを**検索質問**（query, クエリ）といいます．システムは自分が管理する情報（文書）のなかから検索質問に適合するものを選び，出力します(**図5-2**).

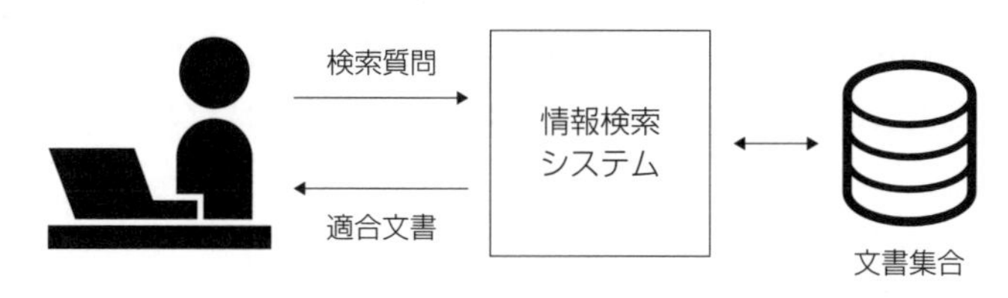

図 5-2 情報検索システム

我々が普段利用している Web 検索エンジンは，Web ページを対象文書とする情報検索システムです．また，画像検索や動画検索の場合は，それぞれ画像や動画が対象文書ということになります．このほか，ショッピングサイトでの商品検索や，メールソフトのメール検索，パソコンのファイル検索など，多くの人がさまざまな目的で情報検索を利用しています．多くの情報検索システムはテキストデータを対象としており，自然言語処理の技術が使われています．情報検索システムについては 5.2 節で詳しく説明します．

情報推薦（information recommendation）

情報検索のように明示的に検索質問を入力しなくても，これまでの行動履歴や入力した内容からユーザの好みや意図を推測して，そのユーザに適していると判断した情報を出力する技術を**情報推薦**といいます．一種の個人適応の技術であり，ユーザの行動履歴に基づいて推薦を行う協調フィルタリングと，コンテンツの内容に基づくフィルタリングに大別されます．情報推薦技術は，Web 上でニュース記事や動画，広告などを推薦する技術として実用化されています．

質問応答（question answering）

質問応答は，自然言語文で表された質問に対する解答を文書集合から求める技術です．たとえば「日本で一番高い山は？」という質問に対して「富士山」という解答を出力します．このために，まずシステムは質問文を解析して検索のためのキーワードを抽出し，質問タイプ（人名，地名，数量など）を求めます．次に，抽出したキーワードから検索質問を作成し，文書集合を検索します．最後に，検索で得られた文書から質問タイプに合致する言葉を選び，解答として出力します．

質問応答システムの例として，1.1.2 項で挙げたように，2011 年に米国の人気クイズ番組 Jeopardy! で人間のチャンピオンを破った IBM 社の Watson があります．質問応答システムは高度なユーザ支援を実現する技術として活用が期待されています．

5.1.2　文書処理

文書または文書集合に対して，その内容に関連するなんらかの処理を行う文書処理技術には，次のようなものがあります．

文書分類（document classification）

文書分類は，文書をその内容に基づいて，事前に設定された複数のカテゴリのいずれかに分類する技術です．ニュース記事や Web サイトのトピックに基づく分類，レビュー記事など意見を述べたテキストが肯定的（positive）か否定的（negative）かの分類，スパムメールかどうかの分類，テキストの書き手の属性推定などさまざまな目的に応用されています．手法としては，2 章で説明した教師あり学習，とくに分類器のアルゴリズムが用いられます．文書分類については 5.3 節で説明します．

文書クラスタリング（document clustering）

文書クラスタリングは，類似した文書をグループ化することで，与えられた文書集合を複数の集合に分ける技術です．あらかじめ分類の観点が決まっている場合は前述の文書分類を用いるのに対し，クラスタリングは分類の観点がはっきりと決まっていない場合や観点を新たに発見したい場合に用いられます．クラスタリングの基準となる文書間の類似度は，後ほど 5.2.2 項で説明する文書のモデル化の方法に応じて決められます．機械学習としてみた場合，クラスタリングは教師なし学習の一種と考えられます．

文書要約（text summarization）

文書要約は，文書の内容をより短いテキストで簡潔にまとめる技術です．Web の情報量の爆発的増大に伴い，ユーザが必要な情報に効率的にアクセスできるようにするため，文書要約の技術が重要となっています．文書要約の基本的な手法である重要文抽出は，文書中のそれぞれの文に重要度を表すスコアを付けて，スコアが大きい文から順に抽出して要約文を作成します．このほか，文の大意を変えずに文字数を減らす文短縮の手法も研究されています．

5.1.3 テキスト分析

テキストの内容を分析して，有用な情報を抽出したり，テキスト全体の特徴を把握したりする技術として，次のようなものがあります．

情報抽出（information extraction）

情報抽出は，与えられたテキストから，「固有名とその属性の情報」，あるいは「出来事の情報（いつ，どこで，なにが，どうした）」といった構造をもつ情報を抽出する技術です．この技術によって，たとえばニュース記事やレビュー記事から個別の企業や商品に関する情報を自動的に集めることができます．情報抽出を実現するための要素技術として，固有表現抽出や照応解析，属性抽出，関係抽出などが挙げられます．

評判分析（sentiment analysis）

評判分析は，なにかの対象についての評価を文書（または文書集合）から抽出したり，その傾向を分析したりする技術です．Web 上のレビューサイトや掲示板，ブログなどに投稿されたテキストからさまざまな商品，作品，施設などに関する評判情報を集めて分析するのに用いることができます．評判分析については 5.3.3 項で詳しく説明します．

テキストマイニング（text mining）

形態素解析などのテキスト分析の結果に統計処理を施し，その結果を用いて知識発見を支援する技術を一般に**テキストマイニング**といいます．処理に用いられる手法は頻度分析，共起分析，時系列分析，クラスタリング，情報抽出など多岐にわたります．テキストマイニングは，ビジネスにおける現状分析や課題発見などに利用されます．

5.1.3 対話システム

人間と自然言語で対話を行う**対話システム**（dialogue system）の研究は長年行われてきましたが，近年の音声認識技術の発展と携帯端末の普及により，急速に実用化が進んできています．対話システムによって，機械に不慣れなユーザでも日常的な言葉で機械に指示を出して操作できるようになります．今後も，対話機能を備えたコミュニケーションロボットや，家庭内でさまざまな行動を支援する音声対話エージェントなどの普及が進んでいくと予想されます．

自然言語対話システムでは，ユーザは音声やタイプ入力により発話（文）の入力を行います．システムはユーザが入力した発話を解析して内容を理解し，それまでの対話のやり取りなどの文脈情報を参照して応答内容を決定して，生成した応答文を音声または文字でユーザへ出力します（**図5-3**）．

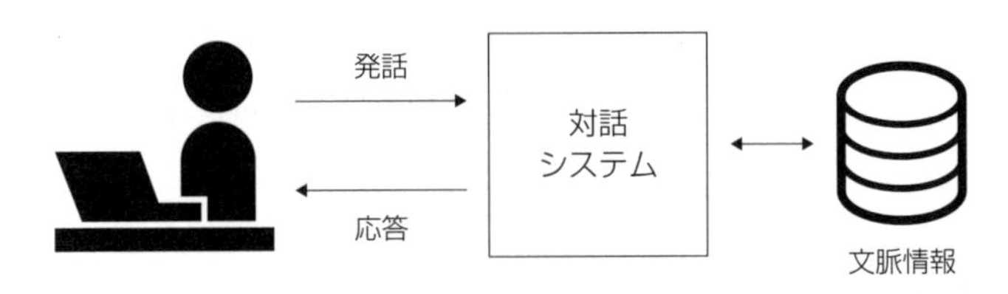

図5-3　自然言語対話システム

対話システムについては5.4節で説明します．

5.1.4 機械翻訳

機械翻訳（machine translation）は，ある言語（原言語）で表された文または文章の入力に対して，別の言語（目標言語）で表された同じ内容の文（文章）を出力する技術です（**図5-4**）．どんな入力文にも正確に対応できる翻訳を実現することは非常に困難ですが，技術の進歩により徐々に翻訳精度が向上し，近年では深層学習の技術を取り入れて実用性が高まってきています．

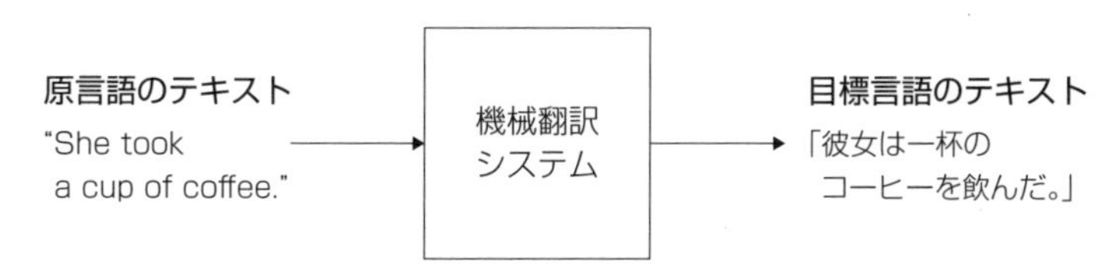

図 5-4 機械翻訳システム

初期の機械翻訳システムは，単語単位の翻訳知識を記述した対訳辞書と，人手で作成した翻訳規則を用いて翻訳を実現していました．その後，2 言語の同じ意味の文のペアを大量に集めた対訳コーパスを統計的に分析することで翻訳の確率モデルを学習し，それを使って翻訳文の生成を行う統計的機械翻訳の手法が開発されました．近年では，深層学習の技術発展に伴い，対訳コーパスを用いて学習させたニューラルネットワークを利用して翻訳を行うニューラル機械翻訳が盛んに研究され，Google 社や Microsoft 社によって実用化されています．

5.2 文書のモデル化と情報検索

本節では，インターネット上の Web ページ検索のように，テキストを主な内容とする文書の情報検索について考えます．

5.2.1 情報検索の概要

情報検索は，一般にユーザの問題解決に役立つ情報を見つけ出すことを指しますが，ここではより具体的に，ユーザの検索質問に適合する文書を文書集合のなかから見つけ出すことと定義します．ユーザが情報検索システムに検索質問を入力すると，システムが管理する文書集合に含まれる各文書と**照合**（マッチング）の処理が行われ，検索質問に適合すると判断された文書が出力されます．具体的には，検索質問の条件を満たす文書が選ばれて出力されたり，検索質問との関連性が高い順にランキングされて文書が出力されたりします（**図 5-5**）．

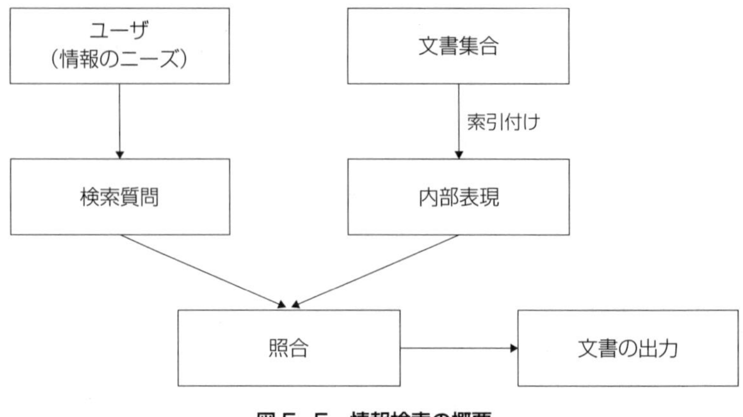

図5-5　情報検索の概要

この照合処理を適切かつ効率的に行えるように，あらかじめ文書集合を適当な形式の内部表現に変換しておきます．これを**索引付け**といいます．内部表現の形式は，文書や情報検索のモデルによって変わってきます．

5.2.2　文書のモデル化

文書の内部表現は，文書の内容を表す要素の集合とみなすことができます．この際，集合の各要素に自然数値（出現回数）や実数値の重みを付与することも多く，その場合は文書の内部表現は一種のベクトル（特徴ベクトル）とみなすことができます．文書の内容を表す要素としては，次のいずれか，またはその組合せがよく用いられます．

(1)　単語
(2)　単語 N-gram
(3)　構文構造の一部（部分解析木や係り受け文節ペア）
(4)　意味構造の一部（概念，格構造，単語分散表現など）
(5)　テキスト内容以外の文書要素（表題，見出しなど）
(6)　上記(1)～(5)の要素に対しなんらかの統計処理を行った結果（トピックなど）

(1)の単語は，テキストの最も基本的な構成要素です．情報検索の場合，テキスト中での単語の出現順序は無視して単に出現単語の集合を考えるのが一般的です．集合の要素となる単語は，その文書を検索する際の手がかりとして使われるので**索引語**（index term）と呼ばれます．文書に出現する単語のなかには，検索の手がかりとしてあまり役に立たないと思われる単語もあり，そのような単語は**不要語**として索引語から除外します．

不要語の例として，助詞や助動詞などの機能語や，ありふれていて多くの文書に満遍なく現れると考えられる単語（「こと」，「人」，「する」など）が挙げられます．不要語を除外する方法としては，不要な品詞を指定する方法や不要語リスト（stop word list）を作成しておく方法があります．

例として，次のような短いテキストを内容とする文書を考えます．

昨日は図書館に行きました．図書館で本を借りてから喫茶店へ行きました．

このテキストを形態素解析して，助詞と助動詞は不要語とみなして除外し，自立語のみからなる出現単語集合を作ると，次のような集合が得られます．

{ 昨日, 図書館, 行く, 本, 借りる, 喫茶店 }

この例で「図書館」と「行く」はそれぞれ 2 回出現していますが，集合として表現したので，ほかの 1 回だけ出現する単語と同じ扱いとなっています．実際には，文書中に 1 回だけ出現する単語と何回も繰り返し出現する単語を区別したいことも多くあります．そこで，通常の集合を拡張して，次のように同じ要素を複数個重複して含むことができるようにしたものを考えます．

{ 昨日, 図書館, 行く, 図書館, 本, 借りる, 喫茶店, 行く }

ここで，どの要素が何回出現したかを次のような表にまとめるとわかりやすくなります（**表 5-1**）．

表 5-1 文書の BOW（Bag Of Words）表現の例

昨日	図書館	行く	本	借りる	喫茶店
1	2	2	1	1	1

このように集合を拡張したものを**頻度付き集合**（bag）といいます．頻度付き集合は，各要素の頻度を成分とするベクトル（上の例では，(1, 2, 2, 1, 1, 1) というベクトル）と考えることができます．**単語の頻度付き集合**（**BOW**：Bag Of Words）は，情報検索や文書分類などの文書処理における文書のモデルとして広く用いられています．

頻度付き集合は 0 以上の自然数を成分とするベクトルと考えられます．これをさらに一般化して，任意の実数値ベクトルを考えることもできます．この場合，各要素に対応する実数値はその文書におけるその要素の重要度を表すと考えられます．文書中の単語の重要度の表し方については次項で説明します．

次に，単語よりも少し複雑な要素として N-gram を文書の表現に用いる場合もあります．たとえばレビュー文における「～は悪くない」という表現を「悪い」と「ない」に分けて単語集合や BOW で表すと，「悪い」という否定的な単語がカウントされて，本来の「悪くない」≒「良い」という意味合いを誤って捉えてしまう可能性があります．単語の代わりに，または単語と併用して 2-gram を用いることでこの問題に対処できると考えられます．さらにこれを発展させて，なにがどうしたという句のレベル（部分解析木や係り受け文節ペア）で文書の内容を捉えることもできます．

また，4 章で説明したように，テキストには表層的な表現だけでは捉えにくい意味的な側面があります．この意味的側面を文書のモデルに反映させるために，文書中の単語が表す概念や単語の分散表現，格要素と述語の関係などを文書の表現に加えることが考えられます．

さらに，多数の文書のなかから検索質問との関連度が高い文書を選び出したり，内容に基づいて文書を分類したりすることを考えた場合，各文書を別々にベクトル化するだけでなく，文書集合全体に対して統計処理を行って，各文書を特徴付ける特徴量を導き出すことが有効な方法となります．そのために，まず各文書を行，索引語を列，文書における索引語の出現回数または重みを成分とする行列（**文書－索引語行列**）を考えます（**図 5-6**）．

索引語

文書		昨日	図書館	…	単語 N
	文書 1	1	2	…	0
	文書 2	2	0	…	3
	…	…	…	…	…
	文書 M	0	1	…	0

文書 1 の
ベクトル表現

図 5-6　文書 - 索引語行列

この文書 - 索引語行列における行ベクトルが，各文書のベクトル表現となります．また，列には少なくとも 1 つの文書で索引語となっている単語がすべて列挙されています．一般に，異なる文書には多くの異なる単語が含まれているので，この文書 - 索引語行列や各文書のベクトル表現は，多くの成分が 0 となる疎行列，疎ベクトルになります．

潜在的意味インデキシング（**LSI**：Latent Semantic Indexing）は，この文書 - 索引語行列に対して特異値分解を適用することによりベクトルの次元を圧縮する手法です．**図 5-7** に示すように，文書 - 索引語行列 A を 3 つの行列の積 $U\Sigma V^T$ に分解した後，Σ の対角成分に現れる r 個の特異値のうち値が大きいものから k 個のみに着目し，色を付けた部分のような，より低次元の行列の積で近似します．行列 U の一部として得られる $M\times k$ 行列が新しい文書ベクトルを表す行列となります．新しい文書ベクトルの k 個の成分は，索引語よりも抽象度の高い，いわば話題（**トピック**）を表すと考えられます．

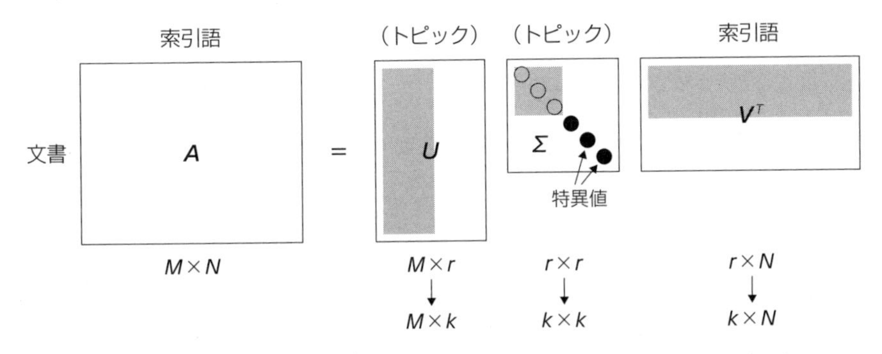

図 5-7　文書 - 索引語行列の特異値分解と潜在的意味インデキシング（LSI）

別の方法として，各文書の背景にトピック分布を仮定し，各文書における単語の出現分布からトピックと単語の間の確率的関係 ϕ および各文書のトピック分布 θ を推定する手法があります．このような手法を一般にトピックモデルと呼びます．次の**図 5-8** はトピックモデルの一種である**潜在的ディリクレ配分法**(**LDA**：Latent Dirichlet Allocation)における文書生成のモデルを示しています．

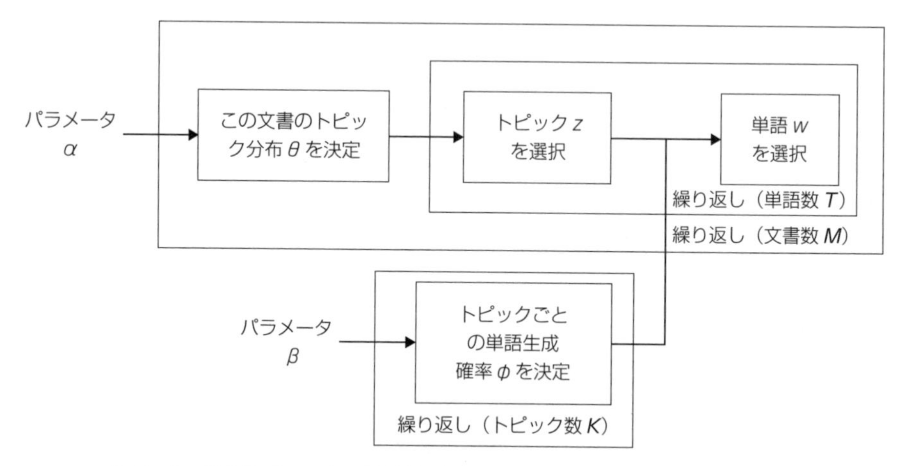

図 5-8　潜在的ディリクレ配分法（LDA）における文書生成の確率モデル

具体例として，トピック数を 100 と仮定し，300 個の新聞記事を対象として各記事のトピック分布 θ とトピックごとの単語生成確率 ϕ を推定すると，次の記事

> 政府は二十日、今年三月で期限が切れる米国向け乗用車の輸出自主規制を撤廃する方向で検討を開始した。…

のトピック分布（各トピックの構成比率）は (0.66, 0.18, 0.12, …) となります．また，トピックごとに生成確率が高い単語をいくつか挙げると次のようになります．

トピック 1 ＝ ｛貿易, 政府, 規制, 交渉, 市場, … ｝
トピック 2 ＝ ｛方針, 計画, 検討, 協議, 関係, … ｝
トピック 3 ＝ ｛販売, 料金, メーカー, 自動車, 台数, … ｝

このようなトピック分布を，文書の特徴量の 1 つとして考えることができます．

本項では，文書のベクトル表現の構成要素，つまり文書の特徴量として使用可能な要素を説明しました．実際の応用にあたっては，対象とする文書の長さや文書数，処理の目的や求められる精度に応じて，使用する内部表現を決定することになります．

5.2.3　単語の重要度と TF-IDF 法

本項では，文書中の単語に重要度を与える方法を考えます．文書中の単語に重要度を与えることで，重要度が低い単語を索引語から除外したり，各索引語の重要度を文書と検索質問との照合および出力文書のランキングに反映させたりできるようになります．

文書中の単語の重要度に影響を与える要素として，次の 2 点が挙げられます．

(1)　単語の出現頻度
(2)　単語の分布の偏り

文書 d における単語 t の**出現頻度**（**TF**：Term Frequency）を $tf(t, d)$ で表します．出現頻度は d に t が何回出現するかという出現回数を考えるのが基本ですが，応用によっては文書間のサイズの違いの影響を受けないように t の出現回数を文書 d の総単語数で割って正規化した値を用いる場合もあります．

単語の分布の偏りを考慮する理由は，文書集合において特定の文書に偏って現れる単語ほどそれらの文書の特徴付けに有効であるという考えによります．逆に，多くの文書に満遍なく現れる単語は文書の特徴付けに役立たないということです．単語の分布の偏りを表すために，次式で表される**逆文書頻度**（**IDF**：Inverse Document Frequency）を用います．

$$idf(t) = \log \frac{M}{df(t)}$$

ここで M は想定する文書集合に含まれる文書の総数，$df(t)$ はこの文書集合において単語 t を含む文書の数（document frequency）です．特定の文書に偏って出現する単語ほど df の値が小さく，したがって IDF の値が大きくなります．

なお，対数をとっているのは，大きな文書集合においてIDFの値の変化を緩やかにするためです．

上述の2点を考え合わせて単語の重要度を決めるためにTFとIDFの値の積

$$tf(t,\ d) \times idf(t)$$

を用いる方法を**TF-IDF**法と呼び，情報検索とその関連分野で広く利用されています．具体例として，次の文書‐索引語行列を考えてみましょう（**表5-2**）．

表5-2　文書‐索引語行列の例

	t_1	t_2	t_3	t_4	t_5
d_1	1	1	2	1	0
d_2	3	0	1	0	1
d_3	1	0	0	2	1
d_4	0	0	2	0	2

たとえば単語 t_1 は d_1, d_2, d_3 の3つの文書に出現するので $df(t_1) = 3$，したがって

$$idf(t_1) = \log \frac{M}{df(t_1)} = \log \frac{4}{3} \fallingdotseq 0.125$$

となります．同様にして各単語のIDFの値を求めて，文書 d_1 に関してTF-IDFの値を計算すると，次の**表5-3**のようになります．

表5-3　TF-IDFの計算例

	t_1	t_2	t_3	t_4	t_5
$tf(t, d_1)$	1	1	2	1	0
$df(t)$	3	1	3	2	3
$idf(t)$	0.125	0.602	0.125	0.301	0.125
$tf(t, d_1) \times idf(t)$	0.125	0.602	0.250	0.301	0.000

出現回数は t_3 が最も多いのに対し，TF-IDF では文書 d_1 のみに出現する t_2 が最大の値となります．

5.2.4　情報検索のモデル

ユーザが入力した検索質問と文書集合に含まれる各文書との照合処理を実現する情報検索のモデルとして，ブーリアンモデルとベクトル空間モデルを紹介します．

ブーリアンモデル

ブーリアンモデルでは，検索質問として 1 個以上の単語を AND, OR, NOT 演算子で結合した**ブール式**が与えられると仮定します．次にブール式の例を挙げます．

(銀座　OR　丸の内)　AND　レストラン　AND　(NOT　イタリアン)

各文書を単語の集合として表現しておき，ユーザが入力した検索質問に対して，その論理的条件を満たす文書をすべて求めて出力します（**図 5-9**）．

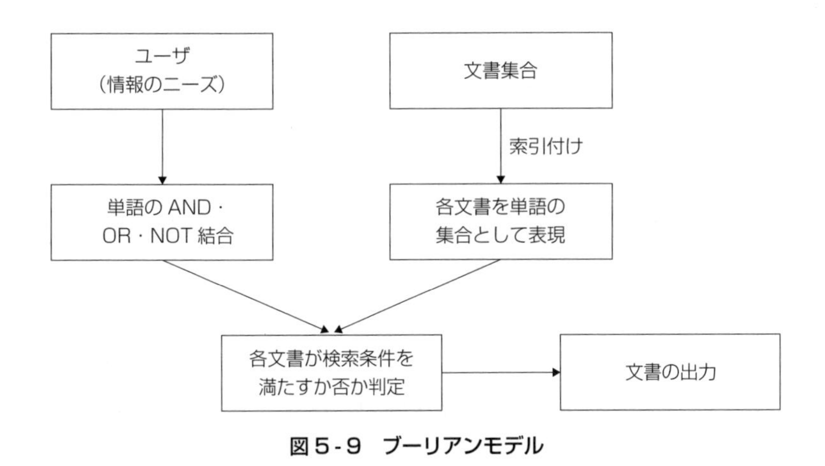

図 5-9　ブーリアンモデル

事前の処理として，まずそれぞれの文書から索引語を抽出したあと，各単語に対してその単語を索引語として含む文書の集合が得られるようなデータ構造を作成します．これを**転置索引**といいます．

具体例として，前項の文書－索引語行列の例（表 5-2）を再度考えます．この例では，それぞれの文書が次のような索引語を含んでいます（**表 5-4**）．

表 5-4　各文書の索引語

文　書	索引語
d_1	t_1, t_2, t_3, t_4
d_2	t_1, t_3, t_5
d_3	t_1, t_4, t_5
d_4	t_3, t_5

ここから，次のような転置索引が得られます（**表 5-5**）．

表 5-5　各索引語を含む文書（転置索引）

索引語	文　書
t_1	d_1, d_2, d_3
t_2	d_1
t_3	d_1, d_2, d_4
t_4	d_1, d_3
t_5	d_2, d_3, d_4

検索質問 q が入力されたときに出力すべき文書の集合（検索結果）は，転置索引を用いて次のように簡単に求めることができます．

(1)　q が単語の場合は，転置索引を参照して出力すべき文書集合が直ちに求まる．

(2)　$q = (q_1 \text{ AND } q_2)$ の場合，q_1 の検索結果と q_2 の検索結果の共通部分を出力する．

(3)　$q = (q_1 \text{ OR } q_2)$ の場合，q_1 の検索結果と q_2 の検索結果の和集合を出力する．

(4)　$q = (\text{NOT } q_1)$ の場合，q_1 の検索結果の補集合を出力する．

たとえば，上の例で検索質問 (t_1 AND t_3) に対する検索結果は，

$$\{ d_1, d_2, d_3 \} \cap \{ d_1, d_2, d_4 \} = \{ d_1, d_2 \}$$

となり，検索質問 (t_1 OR t_3) に対する検索結果は

$$\{ d_1, d_2, d_3 \} \cup \{ d_1, d_2, d_4 \} = \{ d_1, d_2, d_3, d_4 \}$$

となります．

ベクトル空間モデル

ベクトル空間モデルは，文書と検索質問の両方を重み付き単語集合（ベクトル）として表現し，検索質問とベクトルとしての類似度が高い文書から順に出力する方法です（**図 5-10**）．

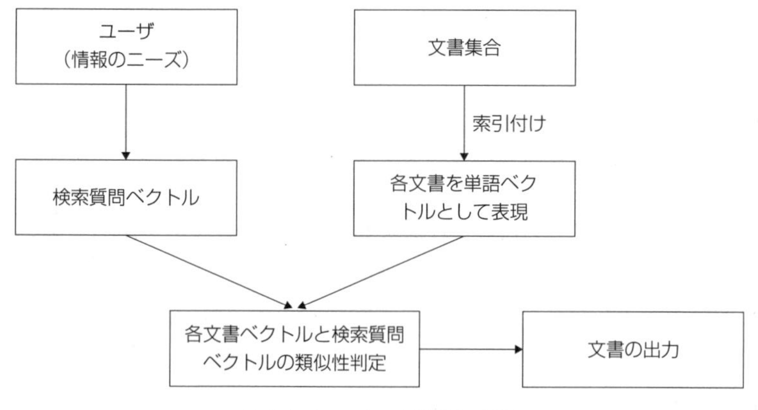

図 5-10　ベクトル空間モデル

文書 d_i（$1 \leqq i \leqq M$）のベクトル表現を $(x_{i1}, x_{i2}, \ldots, x_{iN})$，検索質問 q をベクトル $(x_{q1}, x_{q2}, \ldots, x_{qN})$ とするとき，d_i と q の**コサイン類似度**は次の式で求めることができます．

$$\mathrm{similarity}(d_i, q) = \cos\theta = \frac{d_i \cdot q}{|d_i||q|} = \frac{\sum_{j=1}^{N}(x_{ij} \cdot x_{qj})}{\sqrt{\sum_{j=1}^{N} x_{ij}^2} \cdot \sqrt{\sum_{j=1}^{N} x_{qj}^2}}$$

具体例として，前項の文書－索引語行列を各文書のベクトル表現とした場合に，検索質問 q ＝(1, 0, 2, 0, 0) に対する検索結果がどうなるか考えてみましょう．なお，この検索質問は単語 t_1 と t_3 を含む文書を検索したいが，どちらかといえば t_3 を重視したいという検索意図を表していると解釈できます．まず，文書 d_1 と検索質問 q のコサイン類似度を求めます（文書 d_1 の値は表 5-2 参照）．

$$\mathrm{similarity}(d_1, q) = \frac{\sum_{j=1}^{N}(x_{1j}\cdot x_{qj})}{\sqrt{\sum_{j=1}^{N}x_{1j}^2}\cdot\sqrt{\sum_{j=1}^{N}x_{qj}^2}} = \frac{1\cdot1+1\cdot0+2\cdot2+1\cdot0+0\cdot0}{\sqrt{1^2+1^2+2^2+1^2}\cdot\sqrt{1^2+2^2}}$$
$$\fallingdotseq 0.845$$

同様に d_2 と q，d_3 と q，d_4 と q の類似度を計算すると，それぞれ 0.674, 0.183, 0.632 となります．したがって，d_1, d_2, d_4, d_3 の順にランキングして出力することになります．次に検索質問が q' ＝(2, 0, 1, 0 , 0) の場合を考えると，同様の計算により q' との類似度は d_2, d_1, d_3, d_4 の順になることがわかります．q' は単語 t_1 を重視するので，t_1 の重みが大きい文書 d_2 の適合度が高くなったと考えられます．

実際の情報検索システムでは，全文書を出力するわけにはいかないので，ある閾値を設定して，検索質問との類似度が閾値以上の文書をシステムの出力とするのが一般的です．

ベクトル空間モデルの利点は，検索質問との類似度によって出力文書を順序付けられる点にあります．また，閾値の設定によりシステムが出力する文書の数を柔軟に変更することができます．一方，欠点として，ブーリアンモデルよりも計算量が多いことと，AND や OR のような論理的条件を明確に表現できないことが挙げられます．

5.2.5　情報検索システムの評価

情報検索システムの性能は，システムが出力した文書の集合と，検索質問に適合する文書（出力するべき文書）の集合との重なりの度合いによって評価されます．次の**図 5-11** で，A～D の領域はそれぞれ次のような文書を表しています．

(A)　システムが出力した文書で，検索質問に適合する文書
(B)　システムが出力した文書で，検索質問に適合しない文書（誤検出）
(C)　システムが出力しなかった文書で，検索質問に適合する文書（検索漏れ）
(D)　システムが出力しなかった文書で，検索質問に適合しない文書

また，同じ内容を 2.2.3 項で説明した混同行列のように表形式で表すこともできます（**表 5-6**）．

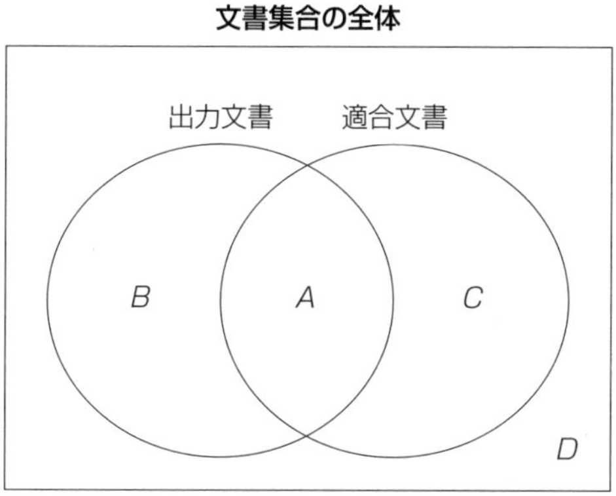

図 5-11　情報検索システムの評価

表 5-6　情報検索システムの評価

	適合文書	非適合文書
出力された文書	A	B
出力されなかった文書	C	D

ここで B（誤検出）と C（検索漏れ）が少ないほど出力文書と適合文書の重なりが大きい，つまり情報検索システムとして性能が高いことになります．とくに，B（誤検出）が少ないほど，システムは必要な情報だけを出力できた，つまり正確であったということになり，一方，C（検索漏れ）が少ないほど，システムは必要な情報を漏れなく検索できた，つまり網羅的であったということになります．そこで，システムの正確性と網羅性の指標として，それぞれ次のように

適合率（precision），**再現率**（recall）を定義します．

$$\text{適合率}\ (P) = \frac{\text{出力文書中の適合文書の数}}{\text{出力文書の数}} = \frac{A}{A+B}$$

$$\text{再現率}\ (R) = \frac{\text{出力文書中の適合文書の数}}{\text{適合文書の数}} = \frac{A}{A+C}$$

具体例として次の**図 5-12** のような状況を考えると，適合率は $P = 2/4 = 0.5$，再現率は $R = 2/3 \fallingdotseq 0.67$ となります．

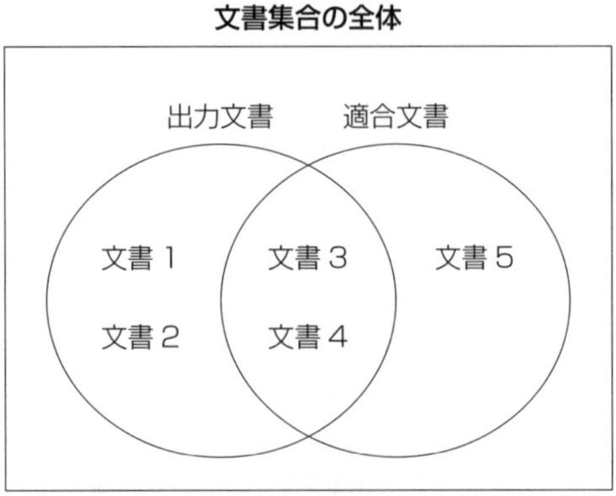

文書集合の全体

出力文書　適合文書

文書１　文書３　文書５

文書２　文書４

図 5-12　適合率と再現率の具体例

システムの改良によって適合率と再現率がともに 1 に近づくのが理想ですが，実際には次の**図 5-13** のように適合率と再現率が互いにトレードオフの関係になることが多くあります．

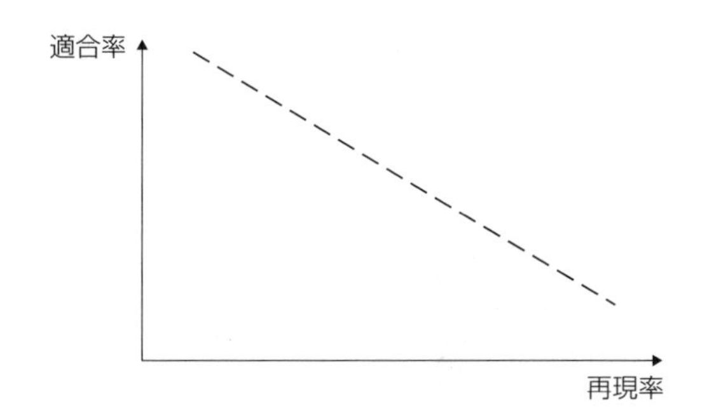

図 5-13 適合率と再現率の関係

たとえばベクトル空間モデルにおいて，出力する文書を決める閾値を大きくすると，検索質問との類似度が低い文書が出力されなくなるため一般に適合率が上がりますが，出力文書が減るため再現率は下がります．逆に閾値を小さくすると，出力文書が増えて再現率が上がりますが，検索質問との類似度が低い文書も出力されるので適合率は一般に下がります．情報検索システムを開発するときは，そのシステムの目的に応じて適合率と再現率のどちらを重視するのか決めたり，目標値を設定したりするのが良いでしょう．

たとえば，ユーザが熟練した専門家の場合は正確性よりも網羅性つまり再現率を重視し，ユーザが一般の人や子供の場合は不適切な出力を減らすために適合率を重視する，といったことが考えられます．

なお，複数の情報検索システムを比較したり，システム更新後の改善の有無を確認したりする際に，システムの性能を 1 個の値に集約して表せると便利です．そこで，適合率と再現率の一種の平均値（調和平均）である ***F* 値**という指標も広く用いられます．

$$F\text{値} = \frac{2 \times \text{適合率} \times \text{再現率}}{\text{適合率} + \text{再現率}}$$

先ほどの例では，F 値は $2 \times 0.5 \times 0.67 \,/\, (0.5 + 0.67) \fallingdotseq 0.57$ となります．

5.2.6 Web 検索

多くの人に利用されている実用的な情報検索システムの例として，インターネット上にある膨大な量の Web ページを検索対象とする **Web 検索エンジン**が挙げられます．Web 検索エンジンは，**図 5-14** に示すような仕組みで実現されています．

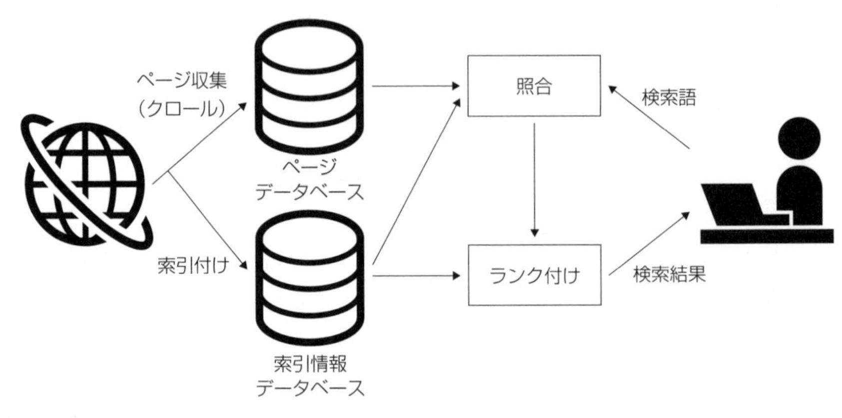

図 5-14　Web 検索の仕組み

事前に，インターネット上の大量の Web ページをハイパーリンクをたどることで次々に取得するクローラと呼ばれるソフトウェアを実行し，ページ収集を行います．次に，収集した Web ページに対して本文抽出や形態素解析などの解析処理を実行します．その後，索引情報を抽出して，データベースに保存します．

ユーザが検索語を入力すると，データベース内の索引情報と照合を行い，条件に合うページに対してランク付けを行って，検索結果として順に出力します．ランク付けの基準としては，Web ページ内の検索語の出現位置や出現回数のほか，その Web ページの重要度を考慮するのが一般的です．Web ページの被リンク数の多さやリンク元ページの重要度を反映した，Web ページの重要度計算手法として，**ページランク**（PageRank）**アルゴリズム**がよく知られています．

演習 5.1 文書中の重要語を求める

この演習では，文書集合とそのなかの 1 つの文書 d（対象文書ともいう）が指定されたときに，対象文書中の重要語を TF-IDF 法を用いて求めるプログラムを作ります．このプログラムでは，次の 2 つのメソッドを定義して使用します．

・ extractWordsInFile メソッド：文書に含まれる単語を抽出して単語リスト（List<Word>オブジェクト）を返す
・ countWordsInFile メソッド：文書に含まれる単語の出現回数を数えて CounterWithWeight<Word>オブジェクトを返す

ここで CounterWithWeight クラスは演習 4.2 で作成したものであり，単語の出現回数（*tf* 値）とともに TF-IDF の実数値も保存するために使用することにします．上記の 2 つのメソッドはどちらも，文書中の文を 1 つずつ順に形態素解析して，解析結果に含まれる単語をリストまたはカウンタに登録していきます．この際，すべての単語を登録するのではなく，文書の索引語として有用であることが多い名詞と動詞，形容詞に限定して登録を行います．

次に，プログラム全体の処理手順を示します．

1. 文章集合に出現する各単語 t の文書頻度 $df(t)$を求めます．
   (1) Counter<Word>オブジェクト dfCounter を初期化します．
   (2) 文書集合内の各文書に対して extractWordsInFile メソッドを呼び出し，抽出された各単語を dfCounter に登録します．
   (3) dfCounter に記録されている各単語 t の出現回数を $df(t)$ とみなします．

2. 対象文書 d に出現する各単語 t の出現頻度 $tf(t, d)$ および TF-IDF 値を求めます．
   (1) 対象文書 d に対して countWordsInFile メソッドを呼び出し，CounterWithWeight<Word>オブジェクト wordCounter を得ます．wordCounter に記録されている各単語 t の出現回数を $tf(t, d)$ とみなします．
   (2) (1) で tf の値が求まった各単語 t に対して，dfCounter から $df(t)$ の値を取り出して $tf(t, d) \times idf(t)$ を計算し，計算結果を wordCounter における各単語の weight の値として保存します．

3. wordCounter の weight の値として保存された TF-IDF 値が大きい順にソートし，上位 20 単語を出力します．

プログラムのソースコードを以下に示します．ここで，文書集合は１つのフォルダのなかに文書ごとにテキストファイルとして格納されているものとします．

リスト５-１　TestTfIdf.java

```
package chapter5;

import java.io.BufferedReader;
import java.io.File;
import java.io.FileReader;
import java.io.IOException;
import java.util.ArrayList;
```

```
import java.util.List;

import chapter3.Counter;
import chapter3.MeCab;
import chapter3.Word;
import chapter4.CounterWithWeight;

/** TF-IDFの値を計算する */

public class TestTfIdf {

 public static void main(String[] args) {
// 文書集合が格納されているフォルダ
  final String documentFolderPath = "natsume";
// TF-IDFを計算する対象文書
  final String targetFilePath = "natsume/bocchan_filtered.txt";

  // まず，各単語のDFの値を求める
  Counter<Word> dfCounter = new Counter<Word>();
  File[] files = new File(documentFolderPath).listFiles();
  int numDocument = files.length;

  for (File f : files) {
   List<Word> wordList = extractWordsInFile(f);
   for (Word w : wordList) {
    dfCounter.add(w);
   }
  }

  // 対象文書に出現する単語のTFの値およびTF-IDFの値を求める
  CounterWithWeight < Word > wordCounter = countWordsInFile(new File
(targetFilePath));
  for (Word w : wordCounter.getObjectList()) {
```

```
    double idf = Math.log(numDocument / dfCounter.getNumber(w));
    double tfidf = wordCounter.getNumber(w) * idf;
    wordCounter.putWeight(w, tfidf);
   }

  // TF-IDFの値が大きい順に20単語を出力する
  List<Word> sortedWordList = wordCounter.getObjectListSortedByWeight
(); // TF-IDFの値でソート
  for (int i = 0; i < 20; i++) {
   Word w = sortedWordList.get(i);
   System.out.print(w.basicForm + "(" + w.pos + ")\t" + wordCounter.
getWeight(w));
   System.out.println("\t" + wordCounter.getNumber(w) + "\t" +
dfCounter.getNumber(w));
  }
 }

 /** 文書ファイルに含まれる単語を抽出する */
 public static List<Word> extractWordsInFile(File f) {
  List<Word> wordList = new ArrayList<Word>();

  try {
   BufferedReader br = new BufferedReader(new FileReader(f));
   MeCab mecab = MeCab.getInstance();
   String line;
   while ((line = br.readLine()) != null) {
    List<Word> list = mecab.analyze(line);
    for (Word w : list) {
     if (w.pos.startsWith("名詞") || w.pos.startsWith("動詞") || w.pos.
startsWith("形容詞")) {
      if (!wordList.contains(w)) {
       wordList.add(w);
      }
```

```
        }
      }
    }
    br.close();
    mecab.close();
  } catch (IOException ex) {
    ex.printStackTrace();
  }

  return wordList;
}

/** 文書ファイルに含まれる単語の出現回数を数える */
public static CounterWithWeight<Word> countWordsInFile(File f) {
  CounterWithWeight<Word> wordCounter = new CounterWithWeight<Word
>();

  try {
    BufferedReader br = new BufferedReader(new FileReader(f));
    MeCab mecab = MeCab.getInstance();
    String line;
    while ((line = br.readLine()) != null) {
      List<Word> list = mecab.analyze(line);
      for (Word w : list) {
        if (w.pos.startsWith("名詞") || w.pos.startsWith("動詞") || w.pos.
startsWith("形容詞")) {
          wordCounter.add(w);
        }
      }
    }
    br.close();
    mecab.close();
  } catch (IOException ex) {
```

```
      ex.printStackTrace();
    }

    return wordCounter;
  }
}
```

試しに青空文庫から夏目漱石の作品を20個ダウンロードして文書集合とし，小説「坊ちゃん」を対象文書として本プログラムを実行した結果の一部を以下に示します．各行に出力されている数値は，左からTF-IDF，TF，DFの値です．

```
山嵐(名詞-一般)                 356.90068941407714  155  2
シャツ(名詞-一般)               186.76408907357867  170  6
古賀(名詞-固有名詞-人名-姓)     104.85062957438969  35   1
校長(名詞-一般)                 97.04060527839233   70   5
清(名詞-固有名詞-人名-名)       95.57926911412555   87   6
教頭(名詞-一般)                 89.80081862676779   39   2
バッタ(名詞-一般)               80.88477138595775   27   1
宿直(名詞-サ変接続)             71.38013788281542   31   2
マドンナ(名詞-一般)             66.77496769682733   29   2
```

5.3　文書分類

5.3.1　文書分類の概要

文書分類は，文書をその内容に基づいて事前に設定された複数のカテゴリのいずれかに分類する技術です（**図5-15**）．

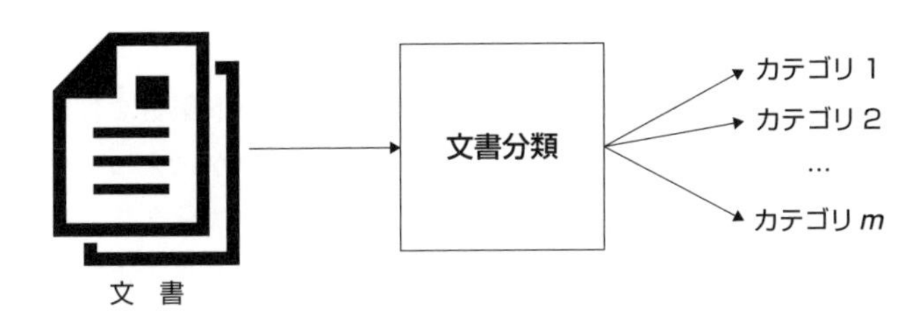

図 5-15 文書分類

ニュース記事のトピックに基づく分類，レビュー記事など意見を述べたテキストが肯定的（positive）か否定的（negative）かの分類（以下，**ポジネガ分類**と呼ぶ），スパムメールかどうかの分類，テキストの書き手の属性（年齢層，性別，性格など）の推定などさまざまな目的に応用することができます．なお，文書分類には 1 つの文書を必ずどれか 1 つのカテゴリに分類する排他的分類と，1 つの文書を同時に複数のカテゴリに分類する（たとえば金融政策に関するニュースを政治カテゴリと経済カテゴリの両方に分類する）ことを許すマルチラベル分類があり，目的に応じて使い分けます．

本節で説明する文書分類と似た技術としてクラスタリングがあります．こちらは事前に分類先のカテゴリを設定せず，類似した文書をグループ化することで，与えられた文書集合を複数の集合に分ける技術です．

文書分類やクラスタリングは，大量の文書を内容に基づいて自動的に分類，整理したいときに役立つ技術です．とくに Web 上の文書は大量にあるので効果を発揮します．Web 上の文書の自動分類は，ニュース記事や Web サイトのトピックに基づく分類，Twitter でユーザが投稿したツイートのポジネガ分類などで実用化されています．今後，さらにレビューサイトやブログのようなユーザが投稿するコンテンツ（**CGM**：Consumer Generated Media）における投稿内容の分析や要約，可視化への応用が期待されます．

5.3.2 文書分類の方法

文書分類の手法にはさまざまなものがありますが，ここでは 2 つの方法を紹介します．

辞書に基づく方法

辞書に基づく方法は，事前にカテゴリごとのキーワード集合を作成しておき，与えられた文書がどのカテゴリのキーワードを多く含むかによって分類する方法です．たとえばスポーツカテゴリならば，「サッカー」，「試合」，「選手」，「ワールドカップ」などの単語がキーワードになると考えられます．キーワード集合をバランスよくかつ網羅的に作成するのは難しく，高い分類精度を得るのは難しいですが，次に説明する機械学習のように教師データを作成する必要がないため，応用の目的によっては有力な方法となります．

機械学習を用いる方法

精度を重視する場合は，機械学習を用いるのが一般的です．2章で説明した分類器のアルゴリズム，たとえばナイーブベイズ分類器やSVMを用いることができます．このアプローチの場合，文書とその分類先カテゴリのペアからなる教師データ（一種のタグ付きコーパス）が必要となります．教師データの量が多いほどよい分類精度が得られることが期待されます．

機械学習で使用する特徴量の選び方も重要です．テキスト文書の特徴量としては，5.2.2項で述べた単語や単語 N-gram，単語の意味カテゴリなどの情報を用いて文書をベクトル化するのが有効です．文書のどのような特徴やどのような単語が有効かは分類の目的によって大きく変わりますので，2.2.2項で述べた特徴選択の処理を行って有用な特徴量に絞り込むことで，分類精度が向上する可能性があります．文書分類システムの評価には，通常の分類器の評価と同じく正解率やカテゴリごとの適合率，再現率および F 値が用いられます．

5.3.3　評判分析

評判分析は，商品や作品，施設などに関する評価や意見を文書から抽出したり，その傾向を分析したりする技術です．近年Web上のCGMの発展とともに，ユーザの情報収集支援や企業におけるマーケティングへの応用を意識して，盛んに研究が行われています．評判分析のなかでも，テキストを肯定的・否定的のいずれかに分類するポジネガ分類は，文書分類の一種とみなすことができます．なお，肯定的と否定的の二値分類とする代わりに，これに中立的（neutral）を加えて三値分類としたり，さらに細かい評価値を設定したりする場合もあります．

ポジネガ分類を実現するために，肯定的な意味合いの単語と否定的な意味合いの単語をそれぞれ集めたキーワード集合が利用されます．このようなキーワード集合は極性辞書と呼ばれ，一般に公開されているものもいくつか存在します．極性辞書の内容の例を**表5-7**に挙げます．

表5-7 極性辞書の内容の例

Positive	良い，楽しい，かわいい，強い，喜ぶ，感心，健康，最高，…
Negative	悪い，悲しい，危ない，遅い，負ける，心配，困難，赤字，…

極性辞書を使う際は，テキストで該当の単語が出現する前後の文脈も考慮する必要があります．とくに，「良い」→「良くない」，「悪い」→「悪いとは思わない」のように後ろに否定を表す言葉が付くと極性が反転するので注意が必要です．

ポジネガ分類は，極性辞書を使わず機械学習のみで実現することもできます．また，機械学習における特徴量の１つとして，極性辞書に含まれる単語の有無に関する情報を加えることもできます．機械学習によるアプローチの課題は教師データを用意することですが，レビューサイトによってはユーザが評価スコアとテキストを一緒に投稿できるようになっている場合もあり，このようなサイトのデータを利用することができれば，教師データを収集する手間が大幅に軽減できます．

なお，ポジネガ分類はテキストが肯定的・否定的のどちらの意見を表しているかを分類するだけで，具体的に対象のどのような点を評価しているかまでは扱いません．実際には，たとえばレストランの評価であれば，料理に対する評価，サービスに対する評価，立地に対する評価などを区別して扱えると便利です．このように対象の特定の側面に着目して評価を分類したり抽出したりする処理を，属性（aspect）に基づく評判分析といいます．属性に基づく評判分析を実現するには，なにがどうしたという係り受け関係の考慮など，より高度な自然言語処理が必要となります．

演習 5.2　経験を述べた文のポジネガ分類

この演習では，著者らが作成した「**日記文コーパス**」を使って，文のポジネガ分類を行います．「日記文コーパス」は，多くの大学生に協力してもらって日常に起きた出来事について述べた文を大量に集めたコーパスであり，本書の Web ページからダウンロードすることができます．コーパス内のそれぞれの文には，その出来事が良い出来事だったか悪い出来事だったかを，その出来事を経験した本人が主観的に評価した値（1：良かった，2：少し良かった，3：どちらでもない，4：少し悪かった，5：悪かった）が付与されています．実際のデータの例を**表 5-8** に示します．

表 5-8　「日記文コーパス」のデータ例

0372	バイト後のラーメンは美味しかった.	2
1277	電車が遅延して授業に遅刻した.	4

本演習では，この「日記文コーパス」を正解ラベル付き学習データとみなして，分類器の学習を行います．ただし，文を評価値が 1 から 5 までの 5 つのカテゴリに分類するのは難しく，十分な分類精度が得られないと予想されるため，評価値が 1 と 2 の文をポジティブカテゴリ（新たに値 1 とする），4 と 5 の文をネガティブカテゴリ（値 2 とする）としてまとめて，ポジティブ (1) とネガティブ (2) の二値分類を行うことを試みます．評価値が 3 の文は今回扱いません．

分類器の学習とテストには，2 章のプログラムをそのまま使うことができます．ただし文を直接分類器に入力することはできないので，それぞれの文を特徴ベクトルに変換する必要があります．文から抽出する特徴量としては，単語や単語 *N*-gram，極性をもつ単語の有無などが考えられますが，ここでは単純に単語のみを抽出して特徴量として用いることにします．

単語はすべての単語を用いるのではなく，文書分類に有効と考えられる品詞に限定して用います．前節の演習 5.1 と同様に名詞と動詞，形容詞を用いますが，ここではそれぞれの品詞の下位分類を考慮して，より細かく「名詞 - 一般」，「名詞 - 固有名詞 *」（* は任意の文字列），「名詞 - サ変接続」，「名詞 - 形容動詞語幹」，「動詞 - 自立」，「形容詞 - 自立」の単語を抽出することにします．

以下のプログラムは，日記文コーパスのファイルを2章で説明した分類器の学習データのファイル形式に変換して出力するプログラムです．学習データでは各特徴量を1から始まる整数値で表す必要があるので，日記文コーパスの文を形態素解析して得られた単語を随時 featureList というリストに登録して，その後 featureList における単語のインデックスを特徴量のインデックスとしてファイルに出力していきます．

リスト5-2 TestPNClassify.java

```
package chapter5;

import java.io.BufferedReader;
import java.io.BufferedWriter;
import java.io.FileReader;
import java.io.FileWriter;
import java.io.IOException;
import java.io.PrintWriter;
import java.util.ArrayList;
import java.util.Collections;
import java.util.List;

import chapter3.MeCab;
import chapter3.Word;

/** 文のポジネガ分類データを学習データ用のファイル形式に変換して保存する */

public class TestPNClassify {

  public static void main(String[] args) {
    // 文のポジネガ分類データ（元データ）
    final String corpusFileName = "diary_corpus.txt";
    // 機械学習用データ（変換先）
    final String learningDataFileName = "diary_learning_data.txt";
```

```
// 特徴 index と単語の関係を保存
final String featureFileName = "diary_learning_features.txt";
// 特徴として使用する単語のリスト
List<String> featureList = new ArrayList<String>();

try {
  BufferedReader br = new BufferedReader(new FileReader(corpusFileName
));
  PrintWriter pw = new PrintWriter(new BufferedWriter(new FileWriter
(learningDataFileName)));
  MeCab mecab = MeCab.getInstance();
  String line;

  // 文のポジネガ分類データを 1 行ごとに処理する
  while ((line = br.readLine()) != null) {
   String[] split = line.split("\t");
   if (split[2].equals("1") || split[2].equals("2")) {
    pw.print("1 ");// ポジティブ
   } else if (split[2].equals("4") || split[2].equals("5")) {
    pw.print("2 ");// ネガティブ
   } else { // 評価が 3 のデータは使用しない
    continue;
   }
   pw.print(split[1]); // 学習データの名前欄に，元の文を出力する

   // 文中の単語リストを作成
   List<Word> wordList = new ArrayList<Word>();
   List<Word> list = mecab.analyze(split[1]);
   for (Word w : list) {
    if (w.pos.equals("名詞-一般") ||
      w.pos.startsWith("名詞-固有名詞") ||
      w.pos.equals("名詞-サ変接続") ||w.pos.equals("名詞-形容動詞語幹")||
      w.pos.equals("動詞-自立") ||
```

```
        w.pos.equals("形容詞-自立")) {
       if (!wordList.contains(w)) {
        wordList.add(w);
       }
      }
     }

     // 単語リストから特徴 index のリストを作る
     List<Integer> featureIndexList = new ArrayList<Integer>();
     for (Word w : wordList) {
      String feature = w.basicForm + "(" + w.pos + ")"; // 特徴量は単語の原
形 + 品詞
      int index = featureList.indexOf(feature);
      if (index == -1) {
       featureList.add(feature);
       index = featureList.size() - 1;
      }
      featureIndexList.add(index);
     }
     Collections.sort(featureIndexList); // index を小さい順にソート
     for (int index : featureIndexList) {
      pw.print(" " + (index + 1) + ":1"); // 学習データの形式で出力する
     }
     pw.println();
    }
    br.close();
    pw.close();
    mecab.close();

    // 各特徴 index に対応する単語の内容をファイル保存する
    pw = new PrintWriter(new BufferedWriter(new FileWriter(featureFileName
)));
    for (int i = 0; i < featureList.size(); i ++) {
```

```
      pw.println((i + 1) + "\t" + featureList.get(i));
    }
    pw.close();
  } catch (IOException ex) {
    ex.printStackTrace();
  }
 }
}
```

上記のプログラムを用いて，日記文コーパスのファイルを分類器の学習データファイルに変換した後，2章で説明した分類器のプログラムにより学習とテストを実行します．この際，分類器はナイーブベイズ，SVMなどどれを使っても構いません．実行結果の例を次に示します．

実行結果の例

```
名前 = 贔屓の球団の選手が活躍して嬉しい.　　正解ラベル = 1
分類結果 = 1
```

5.4　対話システム

5.4.1　対話システムの概要

対話システムは，人間と自然言語で対話を行うソフトウェアです．対話システムの技術が向上し一般に普及すれば，子供からお年寄りまで誰でも気軽に日常的な言葉でコンピュータやロボットに指示を出して操作したり欲しい情報を入手したりできるようになります．

情報技術の発展によりシステムや機能が複雑化し，情報量が爆発的に増大している現代において，対話システムの技術は今後重要になっていくでしょう．また，対話システムと何気ない会話を楽しむことができるようになれば，無機的なコンピュータが親しみを感じられる，身近な存在になると期待されます．

次の**図 5-16** は，国立研究開発法人理化学研究所の**「日常言語コンピューティング」プロジェクト**[†21]で開発された言語ワープロシステムのプロトタイプの実行画面です．このシステムは，秘書エージェントと音声で対話しながら文書を作っていくことができます．

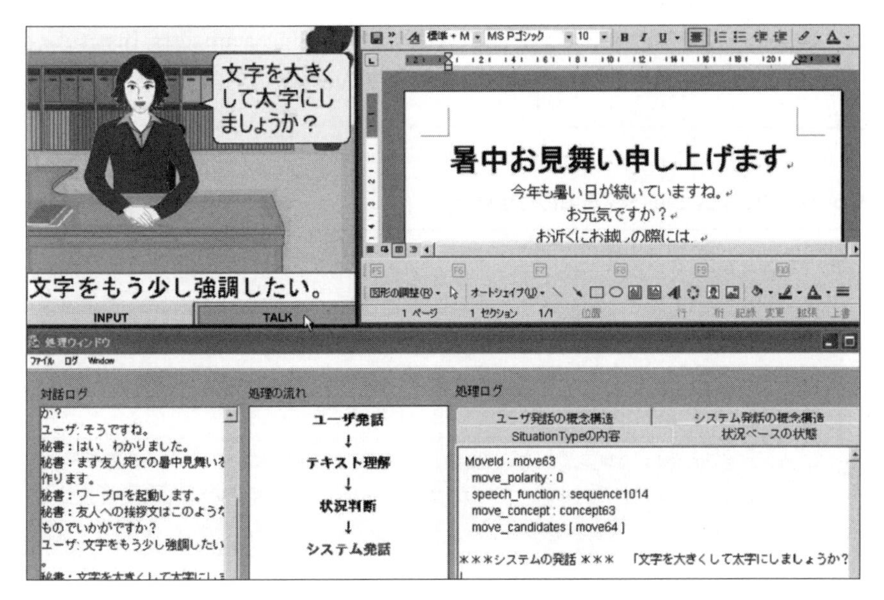

図 5-16　言語ワープロの実行画面

このように対話システムがユーザのタスク実行を支援したり，会話を楽しく続けたりできるようにするためには，対話の流れを理解して文脈に合った応答を行う機能や，ユーザの意図を汲み取って協調的な情報提供を行う機能，ユーザの嗜好や性格に応じて応答を変える機能など，さまざまな機能が必要となります．

対話システムの研究は1960年代から始まりました．初期のシステムとして，入力の表層的パターンに基づき単純なルールで生成した応答を返す **ELIZA** や，積木の世界におけるユーザからの指令や質問への応答を行う **SHRDLU** があります．その後，データベース問合せの自然言語インタフェースとなる対話システテ

[†21] 伊藤紀子，杉本徹，岩下志乃，岩爪直昭，高橋祐介，小林一郎，菅野道夫，セミオティックベースを使った日常言語アプリケーションシステム 第2報，人工知能学会全国大会，2004.

ムや，ユーザの行動プランを推測することで協調的な応答を生成する機能をもった対話システムなどが研究されました．1990年ごろからは，音声認識技術の発展を受け，より実用的な**音声対話システム**の研究開発が行われるようになりました．そのころにマサチューセッツ工科大学（MIT：Massachusetts Institute of Technology）で開発された音声対話システム **Voyager** の対話例を**表5-9**に示します．

表5-9　MIT Voyagerシステムの対話例[†22]

ユーザ	Can you tell me how to get to the Chinese restaurant?
システム	*Where are you?*
ユーザ	I am near a bank.
システム	*I know of many banks. Can you specify which one you mean?*
ユーザ	The one on Main Street.
システム	*The only bank on Main Street that I know of is the Baybank at 226 Main Street in Cambridge. The Chinese restaurants that I know of are Hong Kong and Royal East.*

2010年ごろから，スマートフォン上で音声による操作や情報検索が行えるアプリケーションが公開され，多くの人に利用されるようになりました．今後も対話システムの技術は，コミュニケーションロボットや家庭内で私たちの行動を支援する音声対話エージェントなどに応用されて，実用が進んでいくと予想されます．

5.4.2　対話システムの類型

対話システムにはさまざまな種類があり，種類によって必要な技術の特徴や評価基準が異なる場合もあります．本項では，いくつかの観点から対話システムの分類について説明します．

[†22] Victor W. Zue, Toward Systems that Understand Spoken Language, IEEE Expert 1 (9), pp.51-59, 1994.

対話の目的

なんらかのタスクを遂行する目的をもって行う対話を**タスク指向型対話**（task-oriented dialogue）といい，そのような明確な目的のない対話を**非タスク指向型対話**または雑談といいます．前者を対象とする対話システムをタスク指向型対話システムといい，システムはユーザが目的を達成するために必要な情報の提供などユーザの支援を行います．これまでに，機械やソフトウェアの操作，情報検索，ショッピングやチケット予約などさまざまなタスクを対象とした対話システムが研究，開発されています．**表5-10**は，前項で紹介した言語ワープロの対話例です．

表5-10　言語ワープロの対話例

ユーザ	暑中見舞いを書きたい.
システム	ワープロを起動します. 挨拶文はこのようなものでいかがですか？
ユーザ	文字をもう少し強調したい.
システム	文字をもう少し大きくして太字にしましょうか？
ユーザ	はい，お願いします.
システム	絵を挿入しますか？
ユーザ	いいですね.
システム	夏を題材にした絵を挿入しました.

タスク指向型対話システムでは，対話を通して対象のタスクが適切かつ効率的に遂行されることが重要となります．

一方，目的が明確でない対話，いわゆる雑談に焦点を当てた**雑談対話システム**の研究や開発も近年多く行われています．一般に雑談は人間に癒しや娯楽を与え，親近感や愛着，信頼といった人間関係の形成にも寄与するなど，タスク指向型対話とは異なる効果をもち，私たちの社会に不可欠なものです．たとえばタスク指向型対話システムに雑談に応じる機能を加えることにより，システムへの親しみや信頼が増し，よりうまく（または楽しく）タスクを遂行できる可能性があります．**表5-11**は，雑談対話システムの対話例です．

表5-11　雑談対話システムの対話例

システム	こんにちは，ユーザさん！
ユーザ	こんにちは.
システム	今日は家族や友人との時間を大切にしましょう.
ユーザ	家族と京都に行ったよ.
システム	よかったですか？
ユーザ	うん．京都はいいね.
システム	最近の京都は外国からの観光客が多くてびっくり.
ユーザ	確かにね.

雑談対話システムでは，対話の流れが予測できず，また広範な話題に対応するため，タスク指向型対話システムとは異なる技術が必要となります．また，コミュニケーション自体が目的となるため，ユーザの嗜好や性格，感情を理解することや，システムの振る舞いや言葉づかいの一貫性も重要になってきます．

対話の主導権

システム主導の対話システムは，システムがユーザに質問しユーザが答えるということを繰り返し行っていきます．システム主導のタスク指向型対話システムでは，システムが決まった手順でユーザから情報を順次引き出すことによって対話の目的を達成します．逆に，ユーザ主導の対話システムは，ユーザが自発的に質問や要求を入力し，システムがそれに応答するということを繰り返します．

さらに，話の流れに応じて対話の主導権が柔軟に移動する**混合主導**の対話システムもあります．たとえばシステム主導の質問応答を何回か行った後ユーザに対話の主導権を渡すとか，基本的にユーザ主導で対話を行うがユーザが沈黙した際に自動的にシステム主導に切り替えるなどの方法が考えられます．

入出力のモダリティ

ユーザが発話文をシステムに入力する手段として，キーボードを用いたテキスト入力とマイクを用いた音声入力があります．テキスト入力の場合は，内容を確認してから入力を確定するため，ある程度推敲された入力が期待できます．一方，音声入力の場合は，まず音声認識の不確実性に対処する必要があり，音声認識の確信度が低いときは「もう一度話してください.」のように聞き返すなどの工夫が求められます．また，音声入力ではテキスト入力の場合よりも口語的な表現や省略，言い淀みなど非定型な文の入力が多くなる傾向があり，より複雑な言語処理が必要となります．

入出力に視覚情報など言語以外の情報（ノンバーバル情報）を併用する対話システムを**マルチモーダル対話システム**と呼びます．たとえば入力情報として視線や身体の向き，ジェスチャーなど，出力情報として画面上のグラフィックやロボットの表情，ジェスチャーなどを利用する対話システムが考えられます．人間どうしのコミュニケーションの多くは言語以外の情報に支えられていることが知られており，今後重要となっていく分野です．

5.4.3　対話システムの実現方法

対話システムの一般的な構成を次の**図 5-17** に示します．この図は音声を入出力とする音声対話システムを表していますが，テキストを入出力とする対話システムの場合も音声認識と音声合成の処理が不要になるだけで，ほとんど同じです．

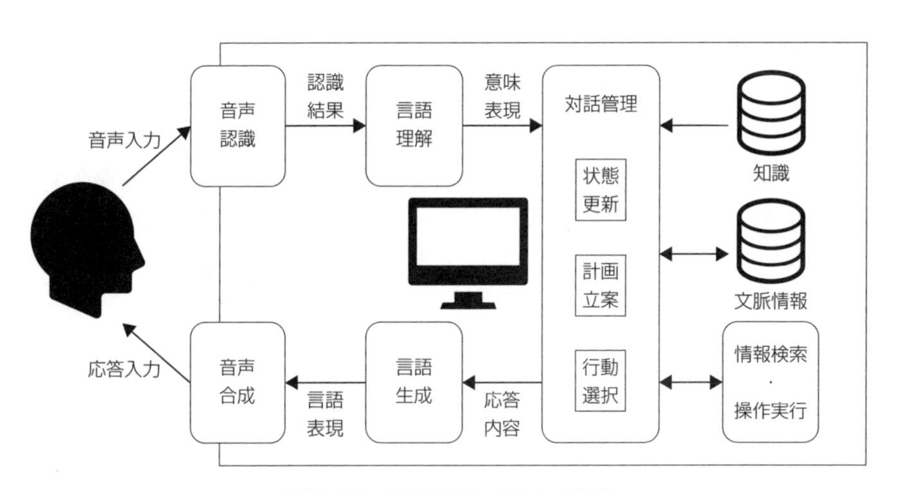

図 5-17　音声対話システムの構成

ユーザが対話システムに話しかけると，まず音声認識を行い，入力音声を単語列に変換します．続いて言語理解を行い，ユーザの発話の意味表現を求めます．この際にどのくらい詳しく解析を行うかはシステムによってさまざまですが，本格的に解析を行う場合は，なにがどうしたという述語と項（格要素）の関係に加えて，ユーザの発話意図を表す**発話行為タイプ**（陳述，質問，依頼など）を求めるのが一般的です．

ユーザ発話の理解結果を受けて，システムがどんな内容の応答を行うか，または情報検索や操作実行を行うかという次の行動を選択する処理を，**対話管理**といいます．対話管理は，まず対話の状態を更新し，必要に応じてシステムの行動プランを立案し，行動を決定します．応答内容が決定したら，その内容を表す文を生成して，その文を音声合成したものを出力します．なお言語生成に関しては，文法に従って文を一から作るというよりも，事前に用意した文のテンプレートに必要な情報を当てはめたものを出力するという方法がよく利用されます．たとえば，「明日の【都市】の天気は【天気種類】です．」というテンプレートの【都市】と【天気種類】に必要な情報を当てはめて，「明日の東京の天気は晴れです．」のように出力します．

次に，対話管理について代表的な方式をいくつか順に説明します．

状態遷移方式

あらかじめ決めた状態遷移図に従って，対話システムの内部状態を遷移していく方式です．システムは，ユーザの発話内容に応じて状態遷移を行い，遷移後の内部状態に対応する応答を出力します．これを繰り返し行うことで，対話を進めていきます．例として航空券予約を行う対話システムにおける状態遷移図を**図 5-18** に示します．この方式は，対象タスクが比較的単純で，対話の流れが固定的でも構わない場合に向いている方式です．

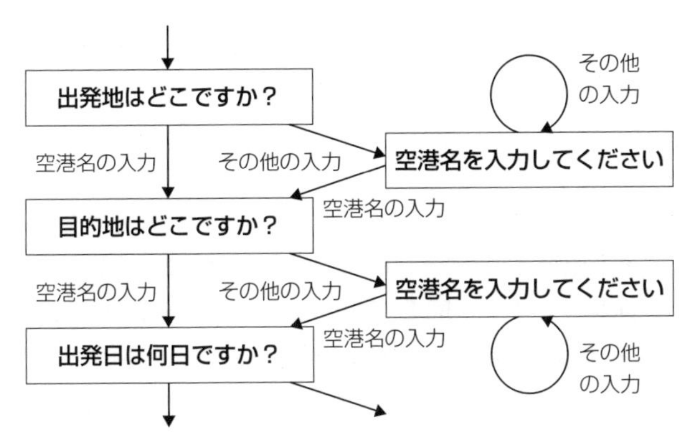

図 5-18 航空券予約対話システムの状態遷移図

知識駆動方式

対話システムの対象領域に特有の知識構造に基づいて対話を制御する方式です．とくに，対話でやり取りする情報をスロット（属性）の集合として表現し，対話を通してスロットの値を埋めていくモデルがよく用いられます．スロットの値を埋める順序には自由度があり，値の質問や確認，表明のやり取りによって対話が進んでいきます．例として，ホテル検索を行う対話システムにおける知識構造を**表 5-12** に示します．

表 5-12 ホテル検索対話システムの知識構造

スロット名	スロット値	必須性
地域	東京	必須
最寄り駅	品川駅	任意
客室タイプ	?	任意
料金の制約	?	任意

プランに基づく方式

ユーザの発話の背後にあるユーザの意図や行動プランの推測と，システム自身の行動プランから導かれる応答出力により対話を進める方式です．一般に，発話はなんらかの目的をもって行われる行為と考えられ，これを**発話行為**（speech act）といいます．たとえば，情報案内を行う対話システムにユーザが以下の文を入力したとします．

「美術館行きのバスはどこですか？」

この発話の意図は，直接的には「美術館行きのバスの乗り場を知る」ですが，その背後には「美術館行きのバスに乗る」や「美術館に行く」という意図がある可能性が高いと推測されます（**図 5-19**）．ユーザの発話を真に理解するには，このようなユーザ発話の背後にある意図の構造，つまり行動プランを認識することが必要です．

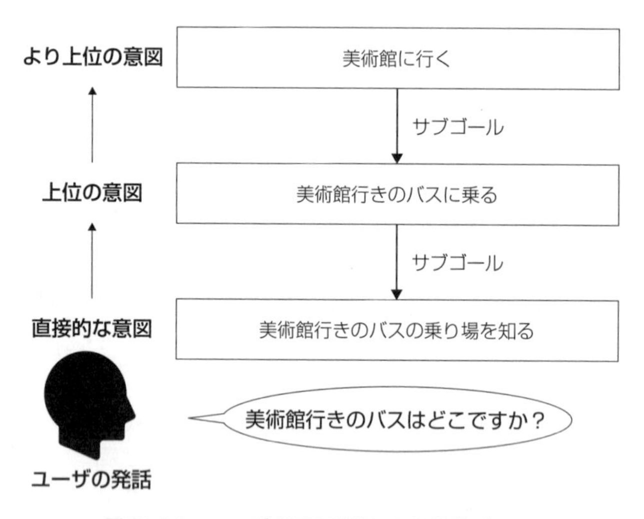

図 5-19　ユーザ発話の背後にある行動プラン

行動プランという概念は，システムの応答生成にも利用することができます．システムは，ユーザの行動プラン遂行を支援する目的で自らの行動プランを立案し，その一ステップとして応答を出力します．このようなユーザのプラン認識とシステムのプラン立案の考え方により，ユーザからの質問や要求に対して字面どおりに応対する（例：「3 番乗り場です．」）だけでなく，表面上要求されている以上の情報提供（例：「3 番乗り場です．あと 5 分で発車します．」）や，ユーザのプランに含まれる問題の指摘（例：「今日は美術館はお休みですよ．」）や代替プランの提案など，より協調的と考えられる応答を柔軟に作り出すことができるようになります．

人工知能で使われる自律的かつ合理的なエージェントのモデルとして**BDI**(Belief-Desire-Intention) **モデル**があります．これは，人間のように信念（belief)，願望（desire)，意図（intention）といった心的状態をもち，それらに基づいて行動を決定するというモデルです．ここで説明したプランに基づく対話管理のモデルは，対話をBDIモデルのような合理的エージェントどうしのコミュニケーションとして捉えるもので，処理が複雑になるため実現が難しい面もありますが，協調的に振る舞う対話システムの実現に向けてさまざまな可能性が期待されます．

雑談に適した方式

これまで説明した3つの対話管理方式は，対象タスクや対象領域に特有の特徴を利用して作り込むタイプのもので，タスク指向型対話の実現に向いています．一方，雑談対話システムでは，対話の流れや話題が予測できないため，単純でありながら幅広い入力に対応できる対話管理が必要となります．そのような方法として，**キーワード照合ルール**を用いる方法や，**対話コーパス**との照合を行う方法があります．前者は，ユーザの発話に含まれるキーワードに応じてシステムの応答を決めるルール（**表5-12**）を人手で多数用意しておき，それを利用して応答を行う方法です．

表5-12　応答生成のためのキーワード照合ルールの例

ユーザ発話に含まれるキーワード	対応するシステムの応答
「名前」	「私の名前は～です．」
「天気」	「晴れるといいですね．」

後者は，ユーザが入力した発話と類似度が高い発話事例を対話コーパスから検索し，コーパス内でその発話の次に現れる発話をシステムの応答として出力する方法です．この方法は，人手でルールを作成する手間が要らないという利点があります．

また，ユーザの発話を簡単に解析して話題となっている単語や発話行為タイプを抽出し，それをシステムの応答生成に利用する方法もよく使われます．たとえば，ユーザが言及した話題と関連する文をコーパスやWebから取得して応答生成に用いる（たとえば，その話題に関する最新ニュースを入手して伝える）ことが考えられます．実際には，これまで述べたような複数の応答生成手法を適当な割合で組み合わせて用いることで，雑談対話システムの応答に多様性をもたせることができます．

機械学習の利用

機械学習は，ユーザ発話の理解とシステムの応答生成の両方で利用できます．ユーザ発話の理解では，ユーザの発話意図や発話行為タイプ，および話題の認識に教師あり学習，とくに分類器や系列ラベリングを活用することができます．また，システムの応答生成では，応答文や応答生成手法の選択において教師あり学習や強化学習を用いることで，その適切性を向上することができます．強化学習では，音声認識などの不確実性を考慮した確率モデルである**部分観測マルコフ決定過程**（POMDP）に基づく学習がしばしば用いられます．

一般に，対話システムでは客観的な評価基準を設定するのが難しいことが多く，またタスク指向型対話と雑談対話とでも評価基準は変わってくるため，機械学習による最適化が行いづらい面があります．今後対話システムやコミュニケーションロボットがますます日常生活で使われるようになる時代を見据えて，研究の発展が期待されます．

演習 5.3　簡単な雑談対話システム

この演習では，テキスト入出力による簡単な雑談対話システムのプログラムを作ります．対話システムのプログラムは本来かなり複雑なものですが，ここでは紙面の都合で単純化したプログラム例を紹介します．このプログラムをベースにして，より高精度な発話理解機能や多様な応答生成機能をもった対話システムに拡張していってもらえればと思います．

プログラムの処理の流れを説明します．ユーザが発話文を入力すると，システムはまず発話文の理解を行います．UtteranceAnalyzer クラスの analyze メソッドは，発話文の形態素解析と，発話行為タイプの判定，話題の抽出を行います．ここでの発話行為タイプ判定と話題抽出の処理はかなり単純化したものとなっています．

続いてシステムの応答文を生成し，出力します．ResponseGenerator クラスの generate メソッドでは，まず次の 3 種類の生成手法を用いてそれぞれ応答文候補を生成します．

キーワード照合ルールの利用
(generateResponseByRule メソッド)

上述のキーワード照合ルールを複数個用意しておき，あるルールのキーワードが入力文に含まれるときに，対応する応答文を応答文候補とします．ルールは事前にテキストファイルに記述しておき，プログラム起動時に読み込んで利用します．

ユーザの発話行為タイプの考慮
(generateResponseBySpeechActType メソッド)

入力文の発話行為タイプに応じた応答文候補を生成します．下記のプログラムでは，入力文が質問の場合は何らかの返答を返すことにして，陳述の場合は聞き返したり同意したりする文を生成します．

その他
(generateOtherResponse メソッド)

定型的な応答文候補を生成します．

それぞれの応答文候補には，その適切さを表す実数値がスコアとして付与されます．この際，ランダム性を与えるためにスコアに乱数を加えます．3 種類の手法により生成された応答文候補のなかでスコアが最大のものをシステムの応答文として出力します．

このプログラムのクラス構成図（**図 5-20**）とソースコードを以下に示します．

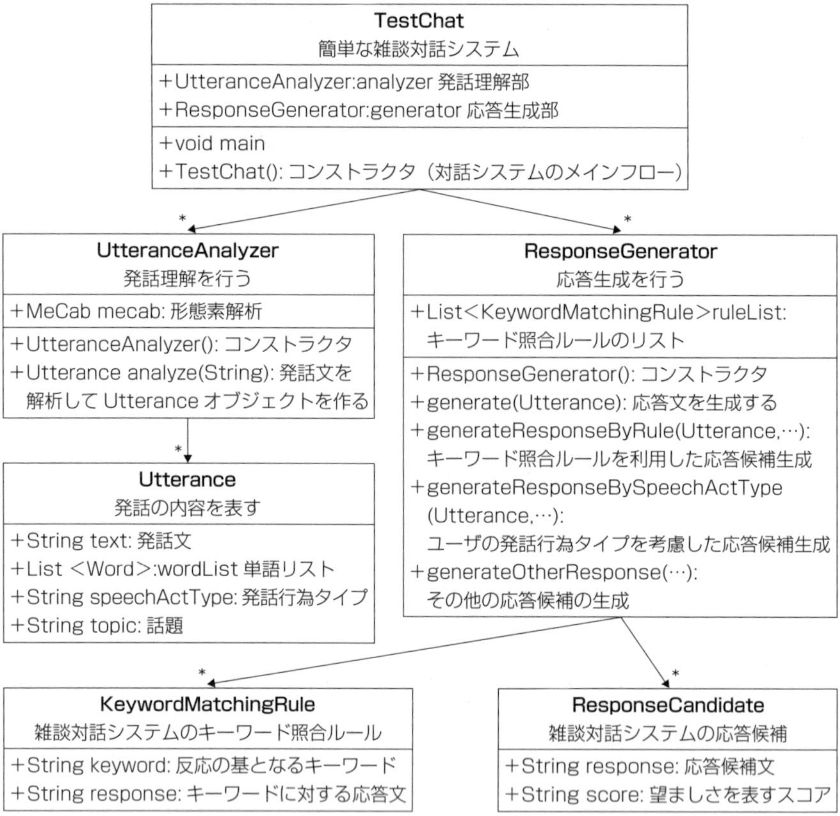

図 5-20 簡単な雑談対話システムのクラス構成図

リスト 5-3 TestChat.java

```
package chapter5;

import java.io.BufferedReader;
import java.io.IOException;
import java.io.InputStreamReader;

/** 簡単な雑談対話システム */
```

```
public class TestChat {
 /** 発話理解部 */
 public UtteranceAnalyzer analyzer;
 /** 応答生成部 */
 public ResponseGenerator generator;

 public static void main(String[] args) {
  TestChat testChat = new TestChat();
 }

 /** コンストラクタ：雑談対話システムのメインフロー */
 public TestChat() {
  analyzer = new UtteranceAnalyzer();
  generator = new ResponseGenerator();
  String output = "こんにちは！"; // システムの応答文

  // 最初の挨拶
  System.out.println("システム：" + output);

  try {
   // 標準入力の準備
   BufferedReader br = new BufferedReader(new InputStreamReader(System.
in));
   System.out.print("ユーザ　：");
   String input;
   while((input = br.readLine()) != null) { // ユーザによる文の入力を受け取る
    // ユーザ発話の理解
    Utterance utterance = analyzer.analyze(input);
    // システム応答の生成、出力
    output = generator.generate(utterance);
    System.out.println("システム：" + output);
    System.out.print("ユーザ　：");
   }
```

```
    br.close();
  } catch (IOException ex) {
    ex.printStackTrace();
  }
 }
}
```

リスト5-4 UtteranceAnalyzer.java

```
package chapter5;

import chapter3.MeCab;
import chapter3.Word;

/** 発話理解を行う */

public class UtteranceAnalyzer {
 public MeCab mecab;

 /** コンストラクタ */
 public UtteranceAnalyzer() {
  mecab = MeCab.getInstance();
 }

 /** 発話文を解析して Utterance オブジェクトを作る */
 public Utterance analyze(String text) {
  Utterance utterance = new Utterance();
  utterance.text = text;
  utterance.wordList = mecab.analyze(text);

  // 単純な発話行為タイプ判定：文末が「?」ならば質問とする
  if (text.length() > 0 && text.charAt(text.length() - 1) == '?') {
   utterance.speechActType = "質問";
```

```
 } else {
  utterance.speechActType = "陳述";
 }

 // 単純な話題抽出：文中の最初の名詞を抽出（無ければ null）
 utterance.topic = null;
 for (Word w : utterance.wordList) {
  if (w.pos.equals("名詞-一般") ||
     w.pos.equals("名詞-サ変接続") ||
     w.pos.startsWith("名詞-固有名詞")) {
   utterance.topic = w.basicForm;
   break;
  }
 }
 return utterance;
}
}
```

リスト5-5 Utterance.java

```
package chapter5;

import java.util.List;

import chapter3.Word;

/** 発話の内容を表すクラス */

public class Utterance {
 /** 発話文 */
 public String text;
 /** 単語リスト */
 public List<Word> wordList;
```

```
/** 発話行為タイプ */
public String speechActType;
/** 話題 */
public String topic;
}
```

リスト5-6 ResponseGenerator.java

```
package chapter5;

import java.io.BufferedReader;
import java.io.FileReader;
import java.io.IOException;
import java.util.ArrayList;
import java.util.List;
import java.util.Random;

/** 応答生成を行う */

public class ResponseGenerator {
 /** キーワード照合ルールのリスト */
 public List<KeywordMatchingRule> ruleList;
 Random random = new Random();

 /** コンストラクタ：キーワード照合ルールリストの初期化 */
 public ResponseGenerator() {
  // ファイルに1行1ルールの形式で格納されている照合ルールを読み込み、リストに格
納する
  ruleList = new ArrayList<KeywordMatchingRule>();
  try {
   BufferedReader br = new BufferedReader(
    new FileReader("kw_matching_rule.txt"));
```

```
 String line;
 while ((line = br.readLine()) != null) {
  String[] split = line.split("\t");
  KeywordMatchingRule rule = new KeywordMatchingRule();
  rule.keyword = split[0];
  rule.response = split[1];
  ruleList.add(rule);
 }
 br.close();
} catch (IOException ex) {
 ex.printStackTrace();
}
}

/** 応答文を生成する */
public String generate(Utterance utterance) {
 // 応答候補リスト
 List<ResponseCandidate> candidateList = new ArrayList<ResponseCandidate>
();

 // 複数の方法での応答候補生成を行う
 // それぞれの方法で生成した応答候補は candidateList に順次追加していく
 generateResponseByRule(utterance, candidateList);
 generateResponseBySpeechActType(utterance, candidateList);
 generateOtherResponse(candidateList);

 // スコア最大の応答候補を選択する
 String response = "";
 double maxScore = -1.0;
 for (ResponseCandidate cdd : candidateList) {
  if (cdd.score > maxScore) {
   response = cdd.response;
   maxScore = cdd.score;
```

```
    }
  }
  return response;
}

/** キーワード照合ルールを利用した応答候補の生成 */
public void generateResponseByRule(Utterance utterance, List<ResponseCandidate>
candidateList) {
  for (KeywordMatchingRule rule : ruleList) {
    if (utterance.text.contains(rule.keyword)) { // ユーザ入力文がキーワード
を含んでいたら
      ResponseCandidate cdd = new ResponseCandidate(); // 応答候補を生成する
      cdd.response = rule.response;
      cdd.score = 1.0 + random.nextDouble(); // スコア設定
      candidateList.add(cdd);
    }
  }
}

/** ユーザの発話行為タイプを考慮した応答候補の生成 */
public void generateResponseBySpeechActType(Utterance utterance, List
<ResponseCandidate> candidateList) {
  ResponseCandidate cdd = new ResponseCandidate();

  if (utterance.speechActType.equals("質問")) {
    if (utterance.text.contains("いつ") ||
        utterance.text.contains("どこ") ||
        utterance.text.contains("誰") ||
        utterance.text.contains("何")) { // WH疑問文
      if (utterance.topic != null) {
        cdd.response = utterance.topic + "のことは詳しくありません.";
      } else {
        cdd.response = "わからないです.";
```

```
    }
  } else { // Yes-No 疑問文
    cdd.response = "はい！";
  }
} else { // 陳述の場合
  if (utterance.topic != null) {
    cdd.response = utterance.topic + "ってなんですか？";
  } else {
    cdd.response = "そうですね.";
  }
}
cdd.score = 0.7 + random.nextDouble(); // スコア設定
candidateList.add(cdd);
}

/** その他の応答候補の生成 */
public void generateOtherResponse(List<ResponseCandidate> candidateList)
{
 // この例では簡単のため、2種類の無難な応答から1つをランダムに選択する
 ResponseCandidate cdd = new ResponseCandidate();
 if (random.nextBoolean()) {
  cdd.response = "なるほど.";
 } else {
  cdd.response = "はい.";
 }
 cdd.score = 0.4 + random.nextDouble(); // スコア設定
 candidateList.add(cdd);
}
}
```

リスト５-7　KeywordMatchingRule.java

```
package chapter5;

// 雑談対話システムのキーワード照合ルール

public class KeywordMatchingRule {
  String keyword; // 反応の基となるキーワード
  String response; // そのキーワードに対する応答文
}
```

リスト５-８　ResponseCandidate.java

```
package chapter5;

// 雑談対話システムの応答候補

public class ResponseCandidate {
  String response; // 応答候補文
  double score; // その望ましさを表すスコア
}
```

このプログラムで使用するキーワード照合ルールを記述したファイルの例と，プログラムの実行結果の例（対話例）を以下に示します．

ファイル　keyword_matching_rule.txt

```
おはよう　　　　やあ！
名前　　　　　　私の名前は○○です．
映画　　　　　　私の好きな映画は△△です．
天気　　　　　　晴れるといいですね．
プログラム　　　プログラムのことならなんでも聞いてください！
```

実行結果の例

```
システム：こんにちは！
ユーザ　：こんにちは．私の名前は花子です．
システム：私の名前は○○です．　　　　　（キーワード照合ルール）
ユーザ　：○○さんは音楽は好き？
システム：はい！　　　　　　　　　　　　（発話行為タイプ：質問）
ユーザ　：私はピアノを弾けるよ．
システム：ピアノってなんですか？　　　　（発話行為タイプ：陳述）
ユーザ　：楽器の一種だよ．
システム：なるほど．　　　　　　　　　　　　　　（その他の応答）
```

演習問題

問 5.1

演習 5.2 で使用した日記文コーパスのデータを分析して，ポジネガ分類に有用と考えられる単語を探してみましょう．コーパス内の各文を形態素解析して，ポジティブな文に多く出現するがネガティブな文にはあまり現れない単語や，その逆の単語を求めてください．そして，その結果が自分の直感と合っているか確認してください．

問 5.2

演習 5.2 で日記文コーパスの文を分類器の交差確認でポジネガ分類した結果のエラー分析をしてください．たとえば SVM を用いたポジネガ分類の正解率が 75%だったとすると，残り 25%の正しく分類できなかった文の傾向を調べて，誤分類の原因と，それに対する対策を考えてみましょう．

問 5.3

演習 5.2 における文の特徴量として，4.4 節で学んだ単語の分散表現を利用してみましょう．演習 4.3 のプログラムを利用して日記文コーパスの各文に出現する単語の分散表現を求めて，得られた単語ごとの分散表現の平均ベクトルをその文の特徴ベクトルとします．文の特徴ベクトルを単語のみ（演習 5.2），単語分散表現のみ，単語と単語分散表現の組合せとする 3 つの方法で，文のポジネガ分類の精度を求めて比較してください．

問 5.4

本章で詳しく説明しなかった重要な応用技術として，**文書クラスタリング**があります．よく使われるクラスタリングのアルゴリズムに，次のような ***k*- 平均法**があります．このアルゴリズムでは，事前にクラスタの個数 k を決めておきます．

(1) 各文書をランダムに 1 つのクラスタに割り当てます.
(2) 各クラスタの重心を計算します.
(3) 各文書のクラスタを，その文書に一番重心が近いクラスタに変更します.
(4) (3)で変更がなかった場合は終了．変更があった場合は(2)に戻ります.

このアルゴリズムを利用して，日記文コーパスのすべての文を 10 個のクラスタに分割するプログラムを作ってください．各文の内容は出現する単語や単語分散表現からなる特徴ベクトルで表現し，重心はベクトルの平均，ベクトル間の距離はユークリッド距離で計算します.

問 5.5

演習 5.3 の雑談対話システムのプログラムを自由に拡張してみましょう．たとえば，次のような拡張が考えられます.

- キーワード照合ルールの数を増やしたうえで，入力文とルールの照合を表層の文字列照合ではなく単語間の意味的類似度を用いた照合に変更する.
- 4 章の演習問題 4.2 で作成した単語の連想プログラムを利用して，ユーザの入力文の話題から別の単語を連想し，その単語を用いて応答を生成する.
- ユーザの入力文からユーザのポジティブまたはネガティブな感情を認識して，それに合った応答文（励ましなど）を生成する.

雑談対話システムの拡張が完成したら，拡張前のシステムと拡張後のシステムをそれぞれ使ってみて，拡張によって対話システムがより良いものになったか確認してください．そして雑談対話システムの評価基準について考察しましょう.

付録
Javaについて

a.1 Javaの概要

Javaは，オブジェクト指向の考え方に基づくプログラム言語です．Javaのソースプログラムは，クラスの集まりとして記述されます．それぞれのクラスは，特定の内容の処理やデータ構造の役割を果たします．一度作成されたクラスは，ほかのプログラムにも容易に再利用することができます．

Javaの開発・実行環境には文字列やデータの集まり，ファイル，ネットワーク，データベースなどを扱ったりGUIを構築したりする多くの有用なクラスが標準ライブラリ（APIともいう）として組み込まれています．また，サードパーティー製のライブラリもさまざまなものが公開されています．

これらのライブラリを利用することで，少ない労力で実用的なプログラムを開発することができます．Javaは汎用のプログラム言語であり，サーバ，クライアント，Webアプリケーション，組込みシステム，携帯端末など，幅広い分野で一般的に使用されています．

次節以降では，Javaでプログラム開発を行うために必要な開発環境の準備と実行方法，および文法の概要と本書でよく使われる標準ライブラリ機能について簡単に説明します．Javaプログラミングの詳細については，関連書籍を参照してください．

a.2　開発環境の準備と実行方法

a.2.1　コマンドラインから実行する方法

まず，単純にコマンドラインからコンパイルや実行のコマンドを入力して実行する場合について説明します．Java は Linux（Unix），Windows，macOS などで動作します．Linux ではシェル，Windows ではコマンドプロンプトからコマンド入力によりソースプログラムのコンパイルや実行を行うことができます．ただし，本書では文字コードとして UTF-8 を想定しており，Windows のコマンドプロンプトでそのまま実行すると文字化けしてしまうため，以下では Linux を想定して説明を行います．Windows の場合は，次項で述べる統合開発環境を利用することをお勧めします．

Java プログラムの開発には，開発キットである JDK（Java Development Kit）が必要です．お使いのコンピュータに JDK が入っていない場合は，まず Web から使用プラットフォームに合った JDK（2018 年 7 月時点の最新版は JDK 10.0.2）を選んでダウンロードとインストールを行ってください．

次に，プログラムの実行方法を説明します．実行までの手順は次のとおりです（図 a-1）．

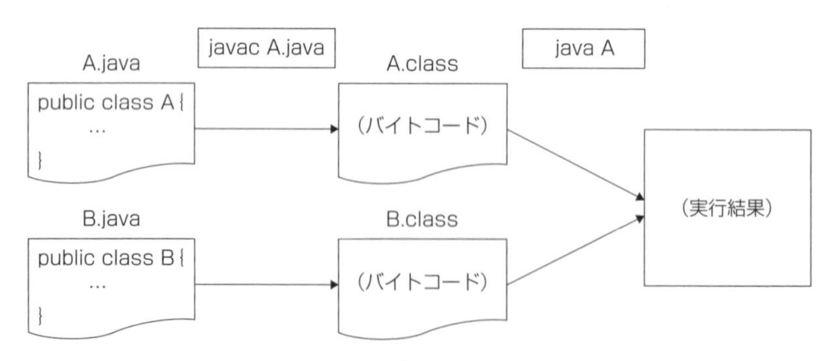

図 a-1　Java プログラムの実行手順

① ソースプログラムの作成

テキストエディタなどを利用して Java のソースプログラムを作成します．

Java ではクラスごとにソースファイルを分けて作ります．たとえば A という名前のクラスのソースコードは「A.java」という名前のファイルに保存します．なお，ソースファイルの文字コードがシステムの標準文字コード（Linux の場合 UTF-8 が多い）と異なると次のコンパイルが正しく行われないことがあるので注意しましょう．

② ソースプログラムのコンパイル

コマンドラインから javac コマンドを入力してソースプログラムのコンパイルを行い，JVM（Java Virtual Machine）という仮想マシンで動作する機械語のプログラムに変換します．このプログラムはバイトコードと呼ばれ，拡張子が .class のクラスファイルに保存されます．たとえば，ソースファイル A.java をコンパイルするには

```
javac A.java
```

というコマンドを入力します．エラーがなければ，A.class という名前のクラスファイルが生成されます．なお，複数のソースファイルからなるプログラムをコンパイルする場合は，main メソッドを含むクラスの名前を javac コマンドの引数として指定して実行すると，関連するすべてのクラスのコンパイルが行われます．

③ プログラムの実行

コマンドラインから java コマンドを入力してバイトコードのインタプリタを起動し，クラスファイルに収められたプログラムを実行します．たとえば A.class というクラスファイル内のプログラムを実行するには，次のコマンドを入力します．

```
java A
```

なお，本書に掲載しているプログラムはすべて，ソースコードの先頭で "package chapter1;" のように所属パッケージの指定を行っています．このようなプログラムの場合，基準となるディレクトリの下にパッケージ名と同じ名前のディレクトリを作成し，その中に Java のソースファイルを置きます．そして

javac パッケージ名 / クラス名.java
java パッケージ名 / クラス名

のようにコンパイルと実行を行います．なお次項で説明する統合開発環境を利用する場合は，パッケージ指定に伴うディレクトリ階層の管理は通常自動的に行われます．

a.2.2　統合開発環境を利用する方法

統合開発環境（IDE：Integrated Development Environment）は，プログラム開発を支援するさまざまな機能が備わったツールです．Java のプログラム開発では，オープンソースの IDE である Eclipse や NetBeans がよく使われます．これらのツールは，次のような機能をもっています．

・ 関連するファイルをプロジェクトとしてまとめて管理する．
・ GUI によりコンパイルや実行，デバッグなどの機能を簡単に呼び出せる．
・ メソッド名や変数名の自動補完や import 文自動生成による入力の省力化．
・ ソースファイル内のエラー箇所の自動検出．
・ プラグインによる柔軟な機能拡張．

IDE を利用する場合，まず IDE を公式サイトからダウンロードし，インストールします．Eclipse の場合は，Eclipse 本体に加えて日本語化プラグインをインストールすることでメニューを日本語化することができます．とくに Windows の場合は，MergeDoc Project†23 で配布されている Pleiades All in One パッケージ Full Edition を入手することで，日本語化された Eclipse と JDK をいっぺんにインストールすることができるので便利です．NetBeans の場合は，まず JDK をインストールしてから NetBeans をインストールするようにします．

IDE をインストールしたら，まず文字コードの設定を行いましょう．Eclipse の場合，「ウィンドウ」メニューで「設定」をクリックし，「一般」→「ワークスペース」でテキストファイルのエンコード設定を変更できるので，UTF-8 を選

†23 http://mergedoc.osdn.jp/

択します．

プログラムの開発を行う際は，まず新規の Java プロジェクトを作成します．次に，そのプロジェクト内にクラスを新規作成し，エディタを使ってソースコードを入力していきます．入力が終わったら保存して，メニューからコンパイル（ビルド）を選んで実行し，続いてプログラムの実行を行います．**図 a-2** は，Eclipse を利用してプログラムを開発している様子を示しています．

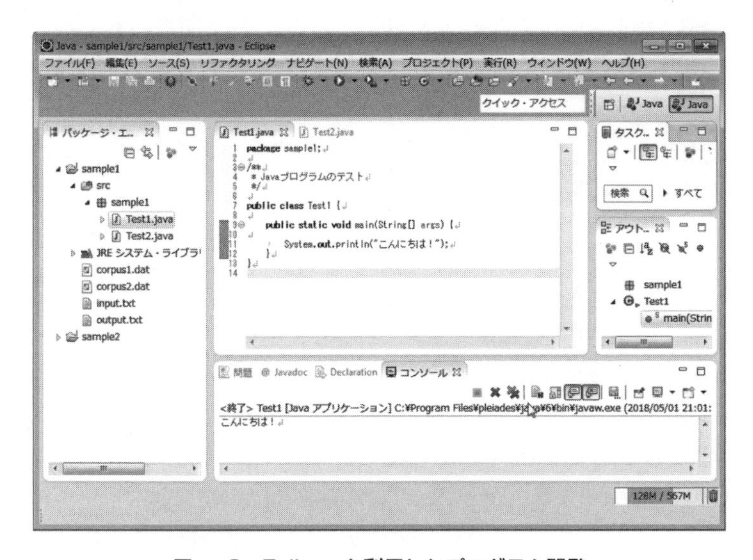

図 a-2　Eclipse を利用したプログラム開発

a.3　Java プログラムの構成

Java はオブジェクト指向プログラム言語であり，ソースプログラムはオブジェクトの雛型であるクラスの集まりとして記述されます．プログラムが実行されるときに，処理の流れに従ってクラスが具体化されてオブジェクト（インスタンスともいう）が生成され，オブジェクトどうしがやり取りを行うことで処理が進んでいきます．クラス（およびクラスから生成されるオブジェクト）は，データを格納する変数と，手続きを表すメソッドをもちます．クラスの記述形式は次のようになります．

```
// クラスの定義
アクセス修飾子 class クラス名 {
    // 変数宣言
    アクセス修飾子 [static] 型名 変数名;
    ・・・

    // メソッドの定義
    アクセス修飾子 [static] 型名 メソッド名 ( 型名 仮引数名, ・・) {
        (処理手順の記述)
    }
    ・・・
}
```

通常，クラス名は英字の大文字から，変数名とメソッド名は小文字から始まる名前を付けます．クラスに所属する変数（インスタンス変数やクラス変数）とメソッドには，それらがどの範囲から参照可能かを制御するアクセス修飾子を指定します．アクセス修飾子が public の場合は，任意のクラスからその変数やメソッドを参照することができます．アクセス修飾子が private の場合は，そのクラスの外部から参照することはできません．これによってクラスの実装の詳細を隠すこと（カプセル化）ができ，クラスの再利用性が向上します．

次の**表 a-1** のように，いくつかのメソッド名は特定の意味をもちます．

表 a-1　特定の意味をもつメソッド名の例

メソッド名	メソッドの役割
public クラス名(・・)	コンストラクタ（そのクラスのオブジェクトを生成する際に呼び出され，初期化を行う）
public static void main(・・)	プログラムが実行されるときの開始点
public boolean equals(・・)	オブジェクトの等しさの判定
public String toString( )	オブジェクトの文字列表現を返す

それぞれの変数はデータ型をもちます．データ型には基本型とオブジェクト型

(参照型) があります．基本型は値が直接操作されるもので，int, double, char, boolean などがあります．オブジェクト型にはクラスに対応するクラス型と配列型があり，どちらも値への参照（C 言語でいうとポインタ）が操作されます．メソッド内の処理手順の書き方（式を構成する演算子や，文の種類，制御構造など）は C 言語とおおよそ同じですが，一部異なる点があります．Java の文法の詳細については，関連書籍を参照してください．

a.4　本書で使用する標準ライブラリ機能

Java の標準ライブラリ機能のうち，本書の演習でよく使われる機能について簡単に紹介します．

a.4.1　文字列 (String)

文字列は String クラスのオブジェクトとして表現します．String クラスの主なメソッドを**表 a-2** に示します．

表 a-2　String クラスのメソッド

equals メソッド	文字列としての等しさの判定
length メソッド	文字列の長さ（文字数）
indexOf メソッド	文字列内で別の文字列を検索
startsWith メソッド	特定の文字列で始まるか判定
substring メソッド	指定位置の部分文字列を返す
split メソッド	指定した文字で文字列を分割

a.4.2　リスト (List, ArrayList)

リストは任意個のオブジェクトからなる列を表すデータ型で，抽象的な List インタフェースとその具体的実装である ArrayList クラスがよく使われます．リストは次のように初期化します．

```
List < String > list = new ArrayList < String >( );
```

‘<’ と ‘>’ の間にリストの要素の型を指定します．この例では，各要素が String 型のオブジェクト，つまり文字列であるようなリストを考えています．この初期化により，空の（要素が 0 個の）リストが作成されます．このリストに要素を追加するには，次のように add メソッドを使います．

```
list.add( "こんにちは" );
list.add( "さようなら" );
```

リストの要素を取り出すには get メソッドを使います．たとえば，リストの全要素を順に出力するプログラムは次のようになります．

```
for ( int i = 0; i < list.size(); i ++ ) {
      System.out.println( list.get(i) );
}
```

Java 5 で導入された拡張 for 文を用いると，同じ内容をより簡潔に書くことができます．

```
for ( String s : list ) {
      System.out.println(s);
}
```

List インタフェースにはこのほか，要素を削除する remove メソッドや，指定したオブジェクトを要素として含むかどうか判定する contains メソッドなどが用意されています．また関連する Collection クラスの sort メソッドを用いれば，リストの要素をソートすることもできます．Java でも C 言語のように配列を使うことができますが，配列は要素数が固定されるのに対しリストは要素数を後から自由に変更できますし，便利なメソッドが用意されているので，リストを用いることでオブジェクトの列に対する処理を楽に記述することができます．

a.4.3 マップ（Map, HashMap）

マップは，オブジェクト間の対応関係（写像）を表現します．抽象的な Map インタフェースと，そのハッシュ表に基づく実装である HashMap クラスが用意されています．マップは次のように初期化します．

```
Map<String, Integer> map = new HashMap<String, Integer>();
```

マップでは，対応元のオブジェクト（キー）と対応先のオブジェクト（値）の型をそれぞれ指定する必要があります．上の例では，キーを String，値を Integer（基本型 int のラッパークラス）として，文字列に整数値を対応付けられるようにしています．マップに新しい対応関係を登録するには，次のようにします．

```
map.put( "こんにちは", 5 );
map.put( "さようなら", 2 );
```

また，登録された対応関係を取り出すには get メソッドを用います．

```
Integer n1 = map.get( "こんにちは" );  // 5が返る
Integer n2 = map.get( "おはよう" );    // 未登録の場合は null が返る
```

a.4.4 ストリーム入出力（ファイル，プロセスなど）

Java の入出力機能は，文字やバイト列の流れを表すストリームという概念に基づいて作られています．まず，テキストファイルの入出力について考えましょう．テキストファイルからデータを読み込みたい場合は，次のように BufferedReader オブジェクトを作成して利用するのが定石となっています．

```
try {
    BufferedReader br = new BufferedReader( new FileReader( "ファイル名" ) );
    String line;
    while ( ( line = br.readLine() ) != null ) { ・・・ }
    br.close();
} catch ( IOException ex ) {  // 入出力処理の例外が発生した場合の処理を記述
    ex.printStackTrace();
}
```

このようにして，ファイルの先頭から 1 行ずつ順に読み取って処理を行うことができます．この際の注意点として，この方法で読み取りを行う場合，ファイルの文字コードはシステムの標準文字コード（Eclipse の場合はワークスペースやプロジェクトで指定された文字コード）と一致していると仮定されることが挙げられます．もしそうでない場合は正しく読み取りが行えず，文字化けが生じることがあります．そのような場合は，BufferedReader オブジェクトを作る際，次のようにして入力の文字コードを指定するようにします．

```
BufferedReader br = new BufferedReader( new InputStreamReader(
                            new FileInputStream( "ファイル名" ), 文字コード名 );
```

たとえば入力ファイルがシフト JIS の場合は，文字コード名として “Shift_JIS”，UTF-8 の場合は “UTF-8” を指定します．

逆に，テキストファイルに出力する際は，BufferedWriter クラスや PrintWriter クラスを使って次のように書きます．

```
PrintWriter pw = new PrintWriter( BufferedWriter(
                          new FileWriter( "ファイル名" ) ) );
pw.println( 出力したい文字列 );
pw.close();
```

この場合も，書き出すテキストファイルの文字コードを指定したいときは，FileWriter クラスの代わりに FileOutputStream クラスと OutputStreamWriter

クラスの組合せを使い，OutputStreamWriter クラスの第 2 引数で出力文字コードを指定します．

本書のプログラムでは，外部コマンドのプロセスを起動して，そのプロセスへ処理対象のデータを送信したり，プロセスから処理結果のデータを受信したりする例があります．これを実現するには，Java の ProcessBuilder クラスを用いて外部プロセスを起動し，そのプロセスを表す process オブジェクトを取得したうえで，ファイル入出力の場合と同様に，プロセスからデータを受信する BufferedReader とデータを送信する BufferedWriter（と PrintWriter）を作成することでプロセス間通信を行います．

```
ProcessBuilder pb = new ProcessBuilder( "外部コマンドのパス" );
Process process = pb.start();
BufferedReader br = new BufferedReader(new InputStreamReader(process.getInputStream()));
PrintWriter pw = new PrintWriter(new BufferedWriter(
                    new OutputStreamWriter(process.getOutputStream())));
・・・ // br と pw を使った外部プロセスとの送受信処理
br.close();
pw.close();
process.destroy();
```

この際，外部プロセスが使用する文字コードの種類に合わせた送受信文字コードの指定も，ファイル入出力の場合と同様に行うことができます．

a.5　トラブルシューティング

ここでは Java プログラムをコンパイルしたり実行したりする際にしばしば生じる問題に関して，その原因と対策を簡単にまとめます．

(1) コンパイル時にシンボルを見つけられない，または実行時にクラス定義が見つからない（NoClassDefFoundError）．

必要なファイル（ソースファイル，クラスファイル，jar ファイル）が適切な場所に存在しない，またはクラスパスの設定に問題があります．jar ファイルを利用するときは，コンパイル時と実行時の両方でクラスパスを指定する必要があります．なお，IDE ではプロジェクトの設定画面でクラスパスを指定することができます．

(2) 外部コマンド（例：MeCab）のプロセス生成に失敗する．

外部コマンドのパスが正しく設定されているか確認しましょう．

(3) 実行中にヒープ領域が不足する（OutOfMemoryError）．

Java プログラムが使用するメモリ領域の一種であるヒープ領域が足りなくなった場合におきます．自然言語処理や機械学習のプログラムは大量のデータを扱うため，しばしばこのエラーが発生します．java コマンドのオプション指定によりヒープ領域の最大サイズを増やすことで，問題が解決する場合があります．たとえば，次のようにオプションを指定することで，ヒープ領域の最大サイズを 1GB に増やすことができます．

```
java -Xmx1024m クラス名
```

(4) プログラムの実行結果が文字化けする．

データファイルの文字コードや，外部コマンド（例：MeCab）が入出力に想定している文字コードが，プログラム内のストリーム入出力の文字コード（無指定の場合はシステムの標準文字コード）と異なっている場合に文字化けが起きます．対策としては，ファイルなどの文字コードを変更してプログラムに合わせる方法と，a.4.4 項で述べたようにストリーム入出力の文字コードとして適切なものを指定する方法があります．

(5) プログラムの実行結果が多すぎて，追いきれない．

プログラムの実行結果をファイルに保存しましょう．Linux の場合はシェルのリダイレクト機能（java クラス名 > 出力ファイル名）が使えます．Eclipse など IDE の場合は，実行の設定画面でファイル出力の設定を行うことができます．

参考文献

1章　自然言語処理の概要

益岡隆志，田窪行則，基礎日本語文法・改訂版，くろしお出版，1992
龍城正明，ことばは生きている—選択体系機能言語学序説，くろしお出版，2006
岩波データサイエンス刊行委員会（編），岩波データサイエンス Vol.1，岩波書店，2015
伊庭斉志，進化計算と深層学習 —創発する知能—，オーム社，2015
岩波データサイエンス刊行委員会（編），岩波データサイエンス Vol.2，岩波書店，2016
黒橋禎夫，柴田知秀，自然言語処理概論，サイエンス社，2016
小林雄一郎，R によるやさしいテキストマイニング［機械学習編］，オーム社，2017
小高知宏，自然言語処理と深層学習 —C 言語によるシミュレーション—，オーム社，2017
前川喜久雄（監修），松本裕治（編），奥村学（編），コーパスと自然言語処理，朝倉書店，2017

2章　機械学習の基礎

小林一郎，人工知能の基礎，サイエンス社，2008
高村大也，奥村学（監修），言語処理のための機械学習入門，コロナ社，2010
荒木雅弘，フリーソフトではじめる機械学習入門，森北出版，2014
後藤正幸，小林学，入門 パターン認識と機械学習，コロナ社，2014
橋本泰一，データ分析のための機械学習入門，SB クリエイティブ，2017

3章　自然言語テキストの解析

田中穂積（監修），自然言語処理—基礎と応用—，電子情報通信学会，1999
橋内武，ディスコース—談話の織りなす世界，くろしお出版，1999
荒木健治，自然言語処理ことはじめ—言葉を覚え会話のできるコンピュータ，森北出版，2004
佐藤理史，言語処理システムをつくる，近代科学社，2017
鶴岡慶雅，宮尾祐介，奥村学（監修），構文解析，コロナ社，2017

4章　自然言語の意味理解

加藤恒昭，三木光範（編），自然言語処理，共立出版，2014
土屋誠司，はじめての自然言語処理，森北出版，2015
山内長承，Python によるテキストマイニング入門，オーム社，2017

5章　自然言語処理の応用

徳永健伸，情報検索と言語処理，東京大学出版会，1999
天野真家，石崎俊，宇津呂武仁，成田真澄，福本淳一，IT Text 自然言語処理，オーム社，2007
奥村学，自然言語処理の基礎，コロナ社，2010
中野幹生，駒谷和範，船越孝太郎，中野有紀子，奥村学（監修），対話システム，コロナ社，2015
ダヌシカ・ボレガラ，岡崎直観，前原貴憲，ウェブデータの機械学習，講談社，2016

索　引

▼ サ 行

▼ マ　行

▼ ヤ　行

▼ ラ　行

▼ 英　字

▼ 数 字

〈著者略歴〉

杉本　徹（すぎもと　とおる）

1989年　東京大学理学部数学科卒業
1991年　東京工業大学大学院理工学研究科情報科学専攻修士課程修了
1995年　東京大学大学院理学系研究科情報科学専攻博士後期課程修了

東京理科大学助手，理化学研究所研究員を経て，現在，芝浦工業大学教授，博士（理学）．
専門は，自然言語処理，人工知能．

岩下志乃（いわした　しの）

1996年　筑波大学第三学群工学システム学類卒業
2001年　筑波大学大学院工学研究科知能機能工学専攻博士課程修了

理化学研究所研究員，九州大学特任助手を経て，現在，東京工科大学准教授，博士（工学）．
専門は，感性情報処理，自然言語処理，ユーザインタフェース．

Javaで学ぶ自然言語処理と機械学習

平成30年9月15日　第1版第1刷発行

著　者　杉本　徹
　　　　岩下志乃
発行者　村上和夫
発行所　株式会社オーム社
　　　　郵便番号　101-8460
　　　　東京都千代田区神田錦町3-1
　　　　電話　03(3233)0641(代表)
　　　　URL https://www.ohmsha.co.jp/

印刷・製本　三美印刷
ISBN978-4-274-22260-3　Printed in Japan